Asparagus

아스파라거스

강호민 · 김경수 · 김병섭 · 김삼규
김일섭 · 구양규 · 박남일 · 용영록
이주경 · 서현택 · 전신재 · 홍세진

월드사이언스
worldscience.co.kr

저자소개 (가나다순)

강호민	강원대학교	원예 · 시스템공학부 원예과학전공 교수
김경수	강원대학교	생물자원과학부 응용생물학전공 교수
김병섭	강릉원주대학교	식물생명과학과 교수
김삼규	강원대학교	생물자원과학부 응용생물학전공 교수
김일섭	강원대학교	원예 · 시스템공학부 원예과학전공 교수
구양규	원광대학교	원예학전공 교수
박남일	강릉원주대학교	식물생명과학과 교수
용영록	강릉원주대학교	식물생명과학과 교수
이주경	강원대학교	생물자원과학부 식물자원응용과학전공 교수
서현택	강원도농업기술원	원예과 연구사
전신재	강원도농업기술원	원예과 연구사
홍세진	강릉원주대학교	식물생명과학과 교수

아스파라거스

인 쇄 | 2017년 10월 20일
발 행 | 2017년 10월 30일

저 자 | 강호민 · 김경수 · 김병섭 · 김삼규 · 김일섭 · 구양규
박남일 · 용영록 · 이주경 · 서현택 · 전신재 · 홍세진
발행인 | 박선진
발행처 | 도서출판 월드사이언스

주 소 | 서울특별시 서초구 도구로 115 월드빌딩 1층
등록일자 | 1988년 2월 12일
등록번호 | 제16-1601호
대표전화 | (02) 581-5811~3
팩스 | (02) 521-6418
E-mail | worldscience@hanmail.net
URL | http://www.worldscience.co.kr

ISBN | 978-89-5881-268-5

이 도서의 국립중앙도서관 출판시도서목록(CIP)은 서지정보유통지원시스템 홈페이지(http://seoji.nl.go.kr)와 국가자료공동목록시스템(http://www.nl.go.kr/kolisnet)에서 이용하실 수 있습니다. (CIP제어번호 : CIP2017027398)

머리말

필자는 몇 년 전 아스파라거스 연구를 시작하면서 이 식물의 엄청나고 강인한 생명력에 매료 되었습니다. 아스파라거스는 환경스트레스(염류, 건조, 온도) 저항성이 채소류 중에서 가장 뛰어나며, 유럽에서는 약용 채소로서 수천 년의 역사를 갖고 있습니다. 또한 아스파가라스가 귀족 채소로 각광받을 만큼 탁월한 효능이 있다는 것을 알게 되면서, 아스파라거스가 그리스 로마시대에서부터 왜 채소의 여왕이란 호칭을 얻게 되었는지 알 수 있었습니다. 아스파라거스는 루틴과 프로토다이오신 등의 다양한 기능성 물질을 함유하고 있어 항암, 항산화 효과, 면역기능의 활성화가 뛰어난 것으로 알려졌기에 앞으로 주요 유망 채소로 선정될 잠재성이 매우 높다고 확신합니다.

지금까지 아스파라거스는 유럽과 북미주 같은 서양에서 주로 이용되었고 우리나라에 도입된 시기는 해방 이후 미군과 함께 들어와 남부지역에서 고급호텔의 납품용으로 재배되기 시작하였습니다. 한때는 재배면적이 700ha까지 되었다는 기록이 있으나 경고병 발생과 홍보 부족 등으로 면적이 급감하여 간간히 명맥만 유지해 왔습니다. 1990년대 중반부터 농촌진흥청 원예연구소에서는 아스파라거스의 영양학적 가치를 인정하고 재배를 장려하였지만, 우리 식문화에 적절히 흡수·도입되지 못하고 재배가 지지부진한 상태로 지속되어 왔습니다.

2008년부터 우리나라 국민소득이 3만 달러 시대에 근접하면서 해외여행이 증가하고 다양한 매체들에서 서양요리 프로그램이 제작되었으며, 젊은층의 식습관도 서양화되면서 아스파라거스 소비가 서서히 증가하게 되었습니다. 이에 강원도 양구·춘천·화천, 충남 당진·논산, 전북 화순, 제주도 등지에서 재배면적이 늘어나면서 현재 약 150ha에 달하고 있으나 아직은 소비 기반이 취약한 상태라 생산량이 갑자기 증가하게 되면 가격 폭락의 위험성도 예측되고 있습니다. 그 동안 아스파라거스는 우리나라 주요 16대 채소(딸기, 고추, 토마토, 수박, 무, 배추, 마늘, 양파, 호박, 오이, 상추, 파, 양배추, 참외, 멜론, 파프리카)에 속하지 못하고 마이너 채소류에 속해 연구대상 채소로 주목받지 못한 것도 사실입니다.

본 필자는 최근에 독일에서 개최된 2017년 제14차 아스파라거스 국제심포지엄에 참석하여 주요 생산국의 연구자들과 교류하면서 아스파라거스 산업의 글로벌 시장 흐름을 파악하게 되었습니다. 특히, 중국의 아스파라거스 재배농가들에서 최대 수확량이 22kg/3.3m^{2}까지 가능한 것으로 확인되었기에, 현재 우리나라의 평균 수확량(7kg/3.3m^2)의 3배인 점을 감안할 때 앞으로 새로운 재배기술이 보급된다면 우리도 20kg/3.3m^2 이상까지 생산성을 높일 수 있는 것으로 조사되어 이에 대한 현장 실증 연구가 절실한 실정입니다.

따라서 농촌진흥청지원 강원도양채류산학연협력단에서는 아스파라거스 재배농가들에게 필요한 품목 중심의 실용서적의 발간을 준비하게 되었습니다. 본 도서의 저자들은 국내외 아스파라거스 재배 관련 최신 자료를 수집하고 농촌진흥청 온난화대응농업연구소 성기철 박사님의 아스파라거스 교육 자료를 참조하여 본 도서를 집필하였지만 아직 많은 부분에서 부족하다는 사실을 고백합니다.

그 동안 본 도서의 출간을 위해서 여러분들이 물심양면으로 지원해 주셨습니다. 강원도 양채류 산업의 발전을 위해 많은 관심을 갖으시고 격려하여 주신 강원도농업기술원 박흥규 원장님, 김재록 연구개발국장님, 김상수 작물과장님, 방순배 원예과장님, 고재영 연구관님, 박천규 연구사님, 강원도 아스파라거스생산자연합회 김영림 회장님, 서춘천농협 김용종 조합장님, 춘천아스파라거스연구회 이승렬 회장님, 양채류사업단 전문위원님, 양채류사업단 권성애 간사님, 출판 및 교정을 맡아주신 ㈜월드사이언스 출판사의 임후택 이사님과 정창기 실장님 등 많은 분들께서 도움을 주셨습니다. 앞으로 본 도서가 국내 아스파라거스 산업의 발전에 반석이 되어 농가소득 증대에 보탬이 되길 간절히 소망합니다.

2017년 10월 30일

강릉원주대학교

강원도양채류산학연협력단장 용영록

차 례

제 1 장 아스파라거스 특성 및 원산지

01 아스파라거스 특성

아스파라거스는 백합과의 다년생 식물로서 속은 약 300종의 숙근류를 포함하여 종류가 많다. 온대지역에서 자라는 아스파라거스의 줄기는 일년생이고 따뜻한 날씨에서 서식하는 경우에는 다년생이며 수 미터까지 생장하는 종도 있다. 아스파라거스의 종류는 식용채소인 아스파라거스 오피시날리스(*Asparagus officinalis*)에서부터 관상용으로도 많이 이용되는 허브류, 덩굴류, 관목류에 이르기까지 그 범위가 매우 넓다. 중요한 아스파라거스 품종은 열대와 온대지역에 재배되며 대부분의 아스파라거스 종은 건기와 우기가 뚜렷이 구분되는 기후를 가지고 있는 남아프리카가 원산지이다. 식용 아스파라거스는 3개 종(*A. officinalis*, *A. acutifolius*, *A. aphyllus*)으로 알려져 있지만 주로 아스파라거스 오피시날리스(*A. officinalis*) 종이 재배종으로 많이 이용되고 있다. 아스파라거스의 염색체수는 $n = 10$이며, 지금까지 2배체, 4배체, 6배체 배수성 종들이 발견되었고, 재배종 아스파라거스(*A. officinalis*)의 염색체수는 $2n = 20$개이며 배수성은 2배체로 알려져 있다. 아스파라거스의 식용 부위는 봄에 죽순처럼 올라오는 어린순을 이용하며 색깔별로 녹색인 그린 아스파라거스, 흰색인 화이트 아스파라거스, 보라색인 퍼플아스파라거스가 있다. 그린이나 퍼플아스파라거스를 재배할 때 흙과 같은 차광재를 덮어주면 화이트 아스파라거스가 된다. 아시아에서는 그린 아스파라거스를 먹는 반면, 유럽에서는 당도와 식감이 좋고 사포닌 함량이 높은 화이트 아스파라거스를 주로 먹는다.

02 원산지 및 재배내력

백합과 아스파라거스 속은 세계적으로 약 300종이 알려져 있으나 식용 및 약용으로 이용되는 것은 14종에 불과하고 나머지는 주로 관상용으로 이용되고 있다. 관상용 아스파라거스는 다습하고 고도가 낮으며 직사광선이 잘 드는 남아프리카 지역에서 주로 발견된다. 관상용 아스파라거스 품종들은 종종 고사리라고도 불리는데, 아스파라거스는 고사리와는 전혀 상관이 없으며 백합과에 속한다. 고사리는 꽃이나 종자를 만들지 못하는데, 일반적으로 아스파라거스 재배종은 눈에 잘 띄지 않는 흰색(암그루)과 노란색(수그루) 꽃이 피며 붉은 열매(장과)에 종자가 2~6개 들어있다. 관상용 아스파라거스가 잎을 감상하는 관엽식물임에도 불구하고 실제로 진짜 잎은 갖고 있지 않다. 잎처럼 보이는 것은 원래 가지가 변형된 것이다. 이와 같이 잎처럼 보이는 가지를 엽상지 혹은 의엽(잎모양 가지, cladophylls)이라고 부른다. 식용 아스파라거스의 원산지는 유럽, 서부아시아로 추정되며 이곳으로부터 북미주와 아시아권으로 전파된 것으로 추정된다. 오래전에 러시아와 폴란드 남부의 황야에서는 아스파라거스를 소나 말의 사료로 이용되었다. 식용 아스파라거스는 그리스, 로마시대부터 채소로 높이 평가됐으며, 프랑스의 '태양왕' 루이 14세는 궁내에 전용 온실을 설치하고 '식품의 왕'이란 작위까지 하사했다.

그림 1-1 그리스, 로마시대부터 아스파라거스 이용

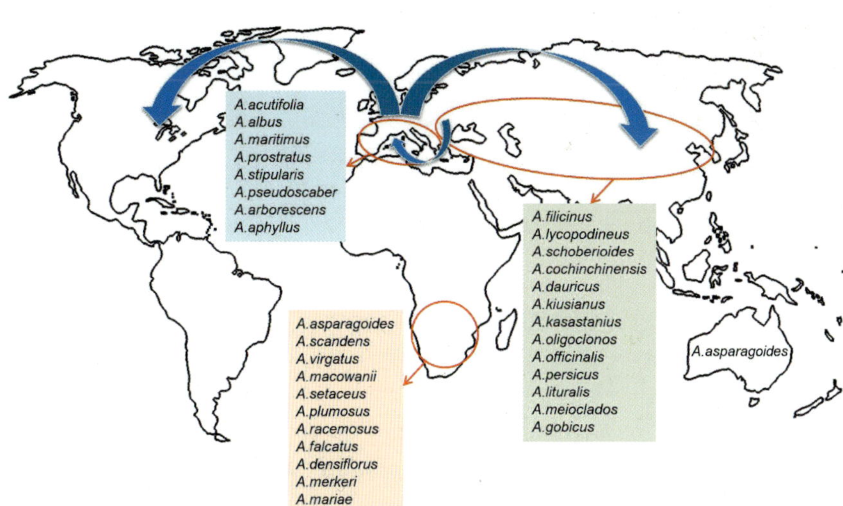

그림 1-2 아스파라거스 종의 원산지 및 전파경로

03 아스파라거스 종류 및 재배품종

3.1 관상용 아스파라거스의 종류

백합과에 속하는 아스파라거스는 지금까지 약 300종이 알려져 있으며 단지 일부만 식용으로 이용되고 나머지는 주로 관상용 및 재배종 품종 육성을 위한 유전자원으로 이용되고 있다. 지금까지 보고된 주요 품종들은 아스파라거스 덴시플로루스(*A. densiflorus*), 아스파라거스 세타세우스(*A. setaceus*), 아스파라거스 비르가투스(*A. virgatus*), 아스파라거스 메데올로이데스(*A. medeoloides*), 아스파라거스 팔카투스(*A. falcatus*) 등이 있으며 관상용 자원으로 유용하게 활용되고 있다. 최근 선진국의 재배종 아스파라거스 품종육성팀에서는 아스파라거스의 바이러스 저항성 유전자를 야생종에서 발견하여 바이러스 저항성 품종 육종의 유전자원으로 활용하고 있으며, 관상용 아스파라거스는 약용 및 화장품의 원료가 될 수 있는 유용자원으로서 가치가 있음이 알려졌다.

A. densiflorus A. setaceus A. virgatus

A. medeoloides A. falcatus A. plumosus

(출처: www.google.com)

그림 1-3 관상용 아스파라거스의 종류

3.1.1 아스파라거스 덴시플로루스(*A. densiflorus*)

중요한 품종들 대부분은 아스파라거스 덴시플로루스(*A. densiflorus*)의 재배종들이고 이것은 남아프리카가 원산지이다. 가장 잘 알려진 품종은 아스파라거스 덴시플로루스의 스프렌게리 품종(*A. densiflorus* cv. Sprengeri)이다. 이 품종은 줄기가 늘어져서 아치를 이루고 녹색 잎은 박하향이 난다. 또한 작은 흰색의 꽃을 피우며 붉은 열매(장과)를 맺는다. 스프렌게리는 가시가 있고 괴근(덩이뿌리)으로 되어 있어 건조한 조건에서도 잘 견딘다. 아스파라거스 덴시플로루스의 미에르 품종(*A. densiflorus* cv. Myers)은 단단하고 곧게 자라는 품종인데, 영명으로 여우꼬리 아스파라거스(foxtail asparagus)나 여우꼬리 고사리(foxtail fern)라고도 불린다.

3.1.2 아스파라거스 세타세우스(*A. setaceus*)

이 종은 영명이 아스파라거스 고사리(asparagus fern)라고 하며, 시장에서는 아스파라거스 플루모서스(*A. plumosus*)로 알려져 있지만 실제로는 세타세우스 종(*A. setaceus*)이다. 이 종은 가늘고 섬세하며 모양이 고사리 같고 진녹색 잎과 납작한 줄기로 되어 있다.

3.1.3 아스파라거스 비르가투스(*A. virgatus*)

미국 플로리다, 코스타리카 등지에서 “나무고사리(tree fern)”라는 이름으로 절엽용으로 재배된다. 이 품종은 다른 품종보다 다소 내한성이 있다.

3.1.4 아스파라거스 메데올로이데스(*A. medeoloides*)

스마일락스(smilax)라고 알려져 있으며 플로리스트들은 그린 소재로 많이 사용한다.

3.1.5 아스파라거스 팔카투스(*A. falcatus*)

열대아시아와 남아프리카, 스리랑카 등이 원산지이다. 줄기에 인편엽이 예리한 가시 형태로 붙어 있다. 가엽은 길이가 5~8cm 정도이고 폭은 3mm 정도된다. 식물체가 강건하고 상부에 많은 가지를 친다. 최근에 우리나라에 도입되어 그린 소재용으로 재배되기 시작했다.

표 1-1 아스파라거스 종의 염색체수 및 배수성

종명 (Species name)	염색체수 (Chromosome number; 2n)	배수성 (Ploidy level)
A. officinalis *A. africanus* *A. albus* *A. acutifolius*	20	2배체(diploid)

종명 (Species name)	염색체수 (Chromosome number; 2n)	배수성 (Ploidy level)
A. stipularis *A. plocamoides* *A. scoparius* *A. verticillatus*		
A. officinalis *A. densiflorus* *A. prostratus* *A. verticillatus* *A. setaceus* *A. pastorianus* *A. trichophyllus*	40	4배체(tetraploid)
A. amarus *A. aethiopicus* *A. densiflorus* *A. maritimus* *A. pseudoscaber*	60	6배체(hexaploid)

3.2 식용 아스파라거스 품종 종류

수천 년의 재배 역사를 갖고 있는 식용 아스파라거스는 자연적 선발 혹은 인공적 품종육종에 의해서 다양한 품종이 육성되어 왔으며, 재배 품종에 대한 기록은 1896년 미국의 Peter Henderson이 최초로 보고하였고 16세기에 유럽의 Violet Dutch 품종을 시초로 하여 지금까지 다양한 품종들이 육성되어 왔다. 일반적으로 북미주계(American varieties)와 유럽계(European varieties) 품종으로 나눠져 있으며 2017년도까지 약 50여 개 품종이 상업적 목적으로 재배되고 있는 것으로 알려졌다. 아스파라거스 품종은 일반적으로 품종의 물리적 특성에 따라 여러 그룹으로 나눌 수 있다. 아스파라거스의 생산성과 품질에 영향을 줄 수 있는 특성 중 하나는 다양한 품종들이다. 아스파라거스의 품종에는 100% 수컷 또는 암컷과 수컷이 혼합된 품종들이 있다. 수컷 품종의 장점은 아주 높은 생산성으로, 암컷과 수컷이 혼합된 품종보다 최대 20% 이상 더 높은 수확량이 높은 것으로 알려졌지만 일부 품종에서는 커다란 차이가 없는 것으로도 보고되었다. 수컷 품종은 일반적으로 Fusarium과 같은 질병에 저항성이 있다. 유럽계(European varieties) 품종인 Limgroup의 아스파라거스 품종들은 모두 100% 수컷 품종들이다.

또한 아스파라거스 품종들은 휴면 기간에 따라 재배 지역이 구분되고 있다. 겨울에 일정한 휴면 기간을 필요로 하는 품종들은 일반적으로 북동부 유럽, 북아메리카 및 중국 북부, 한국, 일본 등에서 널리 재배되고 있다. 반면에 겨울에 휴면할 필요가 적은 품종들은 추위에 더 취약하다. 이러한 품종들은 일반적으로 남부 유럽, 남미 및 중국 남부 등에서 재배되고 있다. 따라서 아스파라거스 품종의 유전적 및 생리적 특성을 고려하여 그 지역의 기후에 적합한 품종을 선택하여 재배해야 할 것이다.

식용 아스파라거스의 품종 개발은 미국과 네덜란드를 중심으로 한 유럽 국가들에서 이루어지고 있다. 아스파라거스 품종들은 1대 잡종(F_1 hybrid) 품종으로 Atlas, Walker Deluxe, Grande, WB-210, Apollo, UC 157, Purple Passion 등의 북미주계 품종(American varieties)과 Aspalim, Avalim, Backlim, Frühlim, Gijnlim, Grolim, Herkolim, Maxlim, Portlim, Starlim, Sunlim, Terralim, Thielim, Vegalim, Vitalim, Xenolim 등의 유럽계 품종(European varieties)들이 개발되어 있다. 북미주계 및 유럽계 품종들의 특성은 다음과 같다.

그림 1-4 식용 아스파라거스 종류(왼쪽부터 그린, 퍼플, 화이트 아스파라거스)

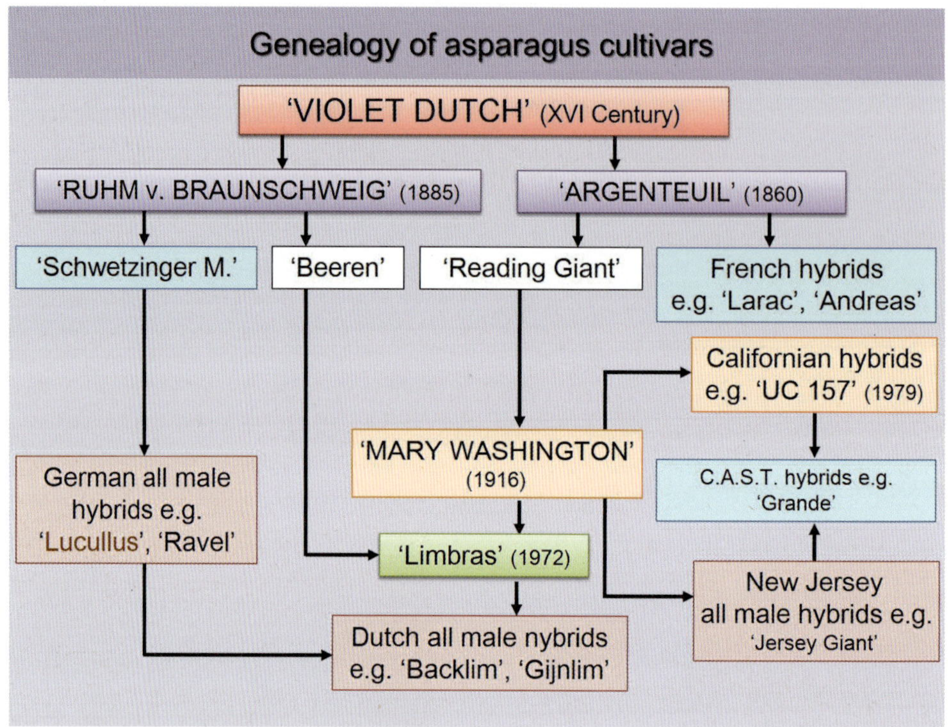

출처: Knaflewski, M. (1996)

그림 1-5 재배종 아스파라거스 품종 육성 족보학

표 1-2 재배종 아스파라거스의 암수 품종 특성 및 기원

	품종 (Cultivar)	전웅 또는 혼합 (All male or Mix)	기원 (Origin)
현재 (Present)	UC-157	Mix(혼합)	America
	Grande	Mix(혼합)	America
	Gijnlim	All male(전웅)	North Europe
최신 (New)	Vegalim	All male(전웅)	America & North Europe
	Atticus	All male(전웅)	America & North Europe
	Cumulus	All male(전웅)	North Europe

(1) 북미주계(American varieties) 품종

① Atlas 품종

이 품종은 조생형으로 생육이 양호하고 수량성이 UC157 품종보다 20~50% 더 높다. 아스파라거스의 끝과 아래 부분에 옅은 보라색을 가진 녹색 아스파라거스로 중형에서 대형 크기이다. 녹색과 흰색 아스파라거스 생산에 이용되며 매끄러운 모양으로 단단한 직립형이고 끝이 뾰족하다. 고온의 생육 조건에서 단단한 직립형으로 자란다. Fusarium, 녹병 및 cercospora 엽병에 저항성이 크며 AV II 바이러스에도 강하다.

② Walker Deluxe 품종

이 품종은 온대 및 서늘한 기후에 잘 적응하며 이른 계절형 품종이다. 숫그루 하이브리드로 생산성이 매우 높다. 연 보라색 포엽을 지닌 중간 크기의 녹색 아스파라거스이다. 매끄러운 모양의 단단한 직립형으로 신선용 및 가공용에 이용된다. Fusarium, 녹병 그리고 다른 엽병에 강한 저항성을 나타낸다.

③ Grande 품종

이 품종은 cutting 계절의 초기부터 늦은 기간까지 높은 생산성을 나타내며, 조생형으로 생육이 양호하다. 아주 매력적인 중대형에서 대형 두께의 아스파라거스(Atlas, Apollo, UC 157보다 큼)이다. 아스파라거스의 끝과 아래 부분, 어린순에 보라색이 적은 녹색을 나타내며 녹색과 흰색 아스파라거스 생산에 모두 이용된다. 아스파라거스의 끝이 약간 뾰족한 원통형으로 부드러운 모양과 단단한 머리를 가지고 있다. 고온인 생육조건에서 매우 단단한 머리를 유지한다. Fusarium, 녹병 및 다른 엽병에 저항성이며 AV II 바이러스에도 강하다.

④ WB-210 품종

이 품종은 조기~중기 계절용 품종으로 온대 및 추운 기후에 적합하다. 신선용 및 가공용으로 수량성이 매우 좋다. 약간 보라색 포엽을 지닌 중형에서 대

형 크기의 녹색 아스파라거스이다. Fusarium, 녹병, cercospora 및 기타 엽병 등에 저항성이 크다.

⑤ Apollo 품종

이 품종은 초기 생육이 좋은 하이브리드이다. 아스파라거스의 선단과 아래 부분에 연한 보라색을 지니며 중간에서 큰 두께의 아스파라거스이다. 아스파라거스는 전체적으로 부드러운 모양으로 약간 가늘고 원통형이다. 가공 및 냉동용 그리고 신선용으로 적합하다. 서늘하고 따뜻한 생육조건에서 매우 단단한 머리를 가진 품질이 좋은 녹색 아스파라거스이다. Fusarium, 녹병에 저항성이 크고 AV II 바이러스에도 강하다.

⑥ UC 157 품종

이 품종은 매우 빠르게 줄기가 나오며 영양계 하이브리드이다. 신선용 녹색 아스파라거스로 품질과 생산성이 좋다. 전체적으로 녹색이며 매끄럽고 끝이 뾰족한 중간 두께의 아스파라거스이다. 캘리포니아, 페루, 멕시코, 일본 및 기타 지역의 중온에서 고온 기후 조건 재배에 적합한 품종이다. 녹색과 흰색 아스파라거스 생산에 모두 이용된다. Fusarium에 대해서는 저항성이 크고 녹병에는 중간 정도의 저항성이며, AV II 바이러스에도 강하다.

⑦ Purple Passion 품종

이 품종은 부르고뉴(Burgundy) 색으로, 보드라운 녹색 줄기색을 지닌 섬유가 낮은 아스파라거스이다. 아스파라거스 줄기 선단이 단단하고 원통형으로 단단하게 압축된 비늘줄기를 가지고 있다. 이것은 생육 초기의 서리 피해로부터 줄기 생산을 보호해 준다. 부드럽고 달콤한 맛의 큰 두께의 아스파라거스로, 당함량이 녹색 아스파라거스보다 20% 더 높다. 전문 소매 시장에 큰 도움이 된다.

(2) 유럽계(European varieties) 품종

① Avalim 품종

이 품종은 100% 숫그루 하이브리드로, 온대 기후에서 흰색 및 녹색 아스파라거스 생산에 좋다. 아스파라거스의 두께와 품질이 좋으며 빠른 생산성을 지니고 있다. 가볍고 모래가 많은 토양에서 Gijnlim 품종보다 두꺼운 아스파라거스를 생산한다. 이 품종은 조기 재배용으로 적합하며 배수가 좋은 모래 토양에서 생육이 좋다. 흰색 아스파라거스 생산을 위해서는 미터당 재식밀도 3.5~4포기, 16~20cm의 깊이가 좋으며, 이와 같은 재식밀도에서 녹색 아스파라거스를 생산할 경우 수확량이 약 30% 이상 증가된다. 비닐 멀칭 및 미니 터널과 같은 시설에 적합하다. 이 품종은 아스파라거스의 줄기가 두껍고 품질이 좋으며 생산성이 좋다. 아스파라거스는 흰색으로 끝이 단단하며 줄기 속이 비거나 파손 및 생리적 녹병 발생 등이 거의 없다. 잎과 줄기는 짙은 녹색으로 직립형으로 잘 자라며 엽병에 강하고 가을 늦게 까지 녹색을 유지한다. 이와 같은 특성으로 친환경 재배에도 적합하다.

② Aspalim 품종

이 품종은 100% 그루 하이브리드로, 온대 기후 지대에서 녹색 아스파라거스를 생산하는 데 매우 적합하다. 생산성이 매우 높으며 이른 시기부터 조기 생산이 가능하다. 배수가 잘되는 토양에서 잘 자란다. 녹색 아스파라거스 생산을 위해서는 미터당 재식밀도 4포기, 15~22cm의 깊이가 좋다. 매우 일찍부터 단단한 아스파라거스를 생산할 수 있으므로 조기 수확을 하는 데 아주 적합하다. 이 품종은 매우 높은 생산성, 아스파라거스의 품질이 우수하며 두꺼운 특성을 가지고 있다. 따뜻한 수확 조건에서도 상품성이 좋은 단단한 아스파라거스를 생산한다. 다년간 우수한 두께의 아스파라거스를 생산하고 원통형으로 매우 매끄럽다. Botrytis 곰팡이 병을 잘 방제한다면 잎과 줄기는 직립하여 균일한 생육으로 가을까지 잘 성장한다.

③ Backlim 품종

이 품종은 100% 숫그루 하이브리드로, 온대 기후에서 흰색 아스파라거스를 생산하는데 적합하다. 이 품종은 계절의 후반기 수확에 매우 적합하다. 조생품종인 Avalim 및 Gijnlim 품종의 조기 수확과 함께 이 품종의 재배로 장기간 안정적으로 수확 시기를 조절할 수 있다. 이 품종은 보온 재배 시스템에서 적합하므로 보온 또는 개방된 재배방법 모두에서 아스파라거스의 품질이 좋고 안정적인 생산성을 나타낸다. 배수가 잘되는 토양에서 잘 자란다. 미터당 재식밀도 3.5~4.5포기, 18~22cm의 깊이에서 생육이 좋다. 이 품종은 우수하고 곧은 줄기를 생산한다. 식물의 재배 연령 길어짐에 따라 아스파라거스의 품질이 향상된다. 아스파라거스 줄기는 단단하여 파열이 적으며, hollowness, 핑크 discolouration 및 녹병에 높은 저항성을 가진다. 아스파라거스 생산량의 50% 이상은 20~28mm 두께의 등급으로 매우 우수한 향미 특성을 지니고 있다.

④ Frühlim 품종

이 품종은 100% 숫그루 하이브리드로, 온대 기후에서 흰색 아스파라거스를 생산하는 데 매우 적합하다. 아스파라거스의 두께와 품질이 초기의 빠른 생산과 결합되어 있다. 미니 터널이나 다른 종류의 열가소성 비닐 재배에서 끝이 단단한 아스파라거스를 생산하기에 좋다. 배수가 잘 되는 모래 토양에서 잘 자란다. 최상의 흰색 아스파라거스 생산을 위해서는 미터당 재식밀도 3.5~4포기, 16~20cm의 깊이가 좋다. 이 품종의 자연 환경에 대한 빠른 적응성은 미니 터널 또는 보온 비닐을 이용하면 조생 또는 극조생용 아스파라거스 생산에 적합하다. 이 품종은 끝이 단단한 흰색 아스파라거스를 생산하기에 적합하며, 줄기 녹병 또는 줄기 부러짐이나 줄기 상처 등의 현상에 영향을 받지 않는다. 아스파라거스 생산물의 75%는 16~28mm 두께 등급으로 높은 생산성, 품질과 두께의 상품성이 좋다. 이 품종의 균일한 잎은 색이 짙으며 직립형으로 잘 자란다. 이 품종의 잎은 병에 매우 강하며 늦은 가을까지 녹색을 유지하는 특성을 지니고 있어 친환경 재배에 매우 적합하다.

⑤ Gijnlim 품종

이 품종은 100% 숫그루 하이브리드로, 온대 기후에서 흰색과 녹색 아스파라거스를 생산하는 데 매우 적합하다. 이 품종은 예외적으로 조생종형이지만 비교할 수 없을 만큼 높은 생산성을 나타낸다. 이 품종은 인위적인 재배 환경 조건에서도 잘 자라며, 우수한 품질로 인하여 농장 및 직거래 판매에서 매우 높은 평가를 받고 있다.

이 품종은 배수가 잘 되는 모래와 점토 토양에서 잘 자란다. 토양이 더 비옥할수록, 아스파라거스의 두께는 더 커진다. 최상의 흰색 아스파라거스 생산을 위해서는 미터당 재식밀도 3~3.5포기, 16~20cm의 깊이가 좋다. 이 재식밀도에서 녹색 아스파라거스를 수확할 경우 약 30%까지 증가할 수 있다. 재식밀도가 높을수록 높은 수확량을 얻을 수 있지만 아스파라거스의 두께는 급격히 감소할 수 있다. 잎이 발생하는 동안 가뭄이 발생하면 반드시 관개를 해주어야 한다. 조생형으로 보온덮개, 미니 터널 및 비닐 멀칭 등과 같은 재배시설에 적합하다. 이 품종은 매우 높은 생산성과 우수한 품질을 가지고 있다. 주요 아스파라거스의 크기는 16~24mm로 줄기 선단이 우수하고 직선이며 부드럽다. 이 품종은 녹병과 줄기 파손에 대한 저항성이 뛰어나고, 수확 후 관리가 좋으면 분홍색 변색이 방지된다. 이 품종은 풍부하고 무거운 아스파라거스를 생산하지만 도복에 약하다. 식물 병 예방을 잘 관리해주면 잎은 늦은 가을까지 녹색을 충분히 유지한다.

⑥ Grolim 품종

이 품종은 100% 숫그루 하이브리드로, 온대 기후 지역과 남부 유럽과 유사한 기후에서 흰색 아스파라거스를 생산하는 데 적합하다. 이 품종은 수량성이 높은 품종으로 특히 무거운 줄기 무게는 노동 비용을 줄이는 데 중요한 역할을 한다. 조생형 품종으로 수량성이 평균보다 높다. 이 품종은 비옥하고 배수가 잘 되는 토양에서 잘 자란다. 모래와 점토질 토양 모두에서 생육이 좋으며, 지하수가 높거나 홍수의 위험이 있는 포장은 적합하지 않다. 따뜻하고 비옥한 토양에서 생육이 좋아서 높은 품질과 높은 생산성을 나타낸다. 최상의 아스파라거스 생산을 위해서는 미터당 재식밀도 5~8포기가 좋으며 밀식을 하여도 아스파라거스 줄기는 얇아지지 않는다. 권장 이식 깊이는 18~20cm이다. 생산량의 80% 이상은 16mm 이상의 등급이다. 이 품종은 분홍색 변색, 그루브(grooves) 또는 구부러진 줄기가 거의 없다. 개방적이고 직립형 식물 구조로 병이 거의 없으며, 이런 특성 때문에 친환경 재배에도 적합하다.

⑦ Herkolim 품종

이 품종은 100% 숫그루 하이브리드로, 온대 기후에서 흰색 아스파라거스를 생산하는 데 좋다. 이 품종은 조중생형으로 이상적인 "생산용 작물"이다. 이 품종은 균일한 두께의 아스파라거스를 만들며 생산성이 매우 높다. 따라서 노동 비용을 줄이고 생산성을 높이고 싶은 농장에 알맞다. 이 품종은 건조한 토양에 잘 적응하며 환경 스트레스에도 강하다. 또한 아스파라거스가 두껍고 활력이 좋아서 이식에 적합하다. 최상의 아스파라거스 생산을 위해서는 미터당 재식밀도 5~8포기가 좋으며 밀식을 하여도 아스파라거스 줄기는 얇아지지가 않으며, 균일하고 우수한 품질을 만든다. 권장 이식 깊이는 18~22cm이다. 흑색/백색 비닐 멀칭 재배에 이상적이다. 좋은 시트 관리 및 적절한 수확 빈도는 고품질인 아스파라거스를 생산할 수 있다. 이 품종의 아스파라거스는 일정한 두께이며 생산량의 60% 이상은 20~28mm 이상의 등급이다. 이 품종은 분홍색 변색, 줄기 속이 비거나 깨지는 것이 거의 없는 부드러운 고품질의 흰색 아스파라거스를 생산하며 맛이 아주 좋다. 이 품종은 넓고 튼튼하고 개방적인 잎을 가지고 있고 가을에 빨리 건조되므로 곰팡이 병에 민감하지가 않다. 이러한 특성으로 친환경 재배에 알맞다.

⑧ Maxlim 품종

이 품종은 100% 숫그루 하이브리드로, 따뜻한/지중해 기후 지역에서 흰색 아스파라거스를 생산하는 데 적합하다. 생육 초기부터 매우 많은 생산성을 나타냄으로 높은 생산성을 보장하고 장기간 동안 안정적으로 높은 생산성을 유지할 수 있다. 이 품종은 또한 다수확용으로 적합하다. 이 품종은 배수가 잘되는 비옥한 토양에서 가장 잘 자란다. 최상의 흰색 아스파라거스 생산을 위해서는 미터당 재식밀도 5~6포기가 좋으며 이식 깊이는 18~20cm이다. 가뭄에 취약하지 않거나 관개 시설이 되어 있는 비옥한 토양에서는 미터당 재식밀도 6~8포기로 심을 수 있다. 상품성 있는 아스파라거스 생산과 수확 시기를 촉진하기 위해서는 보온 비닐 멀칭 또는 미니 터널을 사용하는 것이 좋다. 이 품종은 아스파라거스가 두껍고 품질이 우수하며 생산성도 아주 높다. 줄기 속이 비거나 하지 않고 매우 단단한 아스파라거스를 생산하며 제품의 80% 이상이 16~24mm 등급이다. 이 품종은 맛이 좋은 것으로 높이 평가받고 있다. 이 품종은 엽병 및 도복에 강한 특성을 나타내고 잎은 직립형으로 자라난다.

⑨ Portlim 품종

이 품종은 100% 숫그루 하이브리드로, 온대 기후의 지역에서 녹색 아스파라거스 생산에 적합하다. 이 품종은 중생종으로 생산성이 높고 생산 기간이 긴 특성을 지니고 있다. 이 품종은 비옥하고 배수가 잘 되는 토양에서 생육이 좋다. 최상의 녹색 아스파라거스 생산은 미터당 재식밀도 4포기와 이식 깊이 15~20cm 조건에서 가장 좋았다. 이 품종은 불리한 환경에서도 재배가 가능한 강한 품종으로 높은 생산성, 우수한 품질과 아주 좋은 두께의 아스파라거스를 만든다. 따뜻하거나 더운 조건에서 수확할 때도 아스파라거스 끝은 단단하게 닫혀 있다. 이 품종은 아스파라거스 생산기간 동안에 일정한 크기 이상의 아스파라거스 두께를 유지한다. 이 품종은 매력적인 원통형으로 부드러운 아스파라거스를 생산한다. 이 품종은 열린 구조의 균일한 직립형 잎을 가지며, 엽병에 저항성이 있고, 도복에 영향을 받지 않는다.

⑩ Starlim 품종

이 품종은 100% 숫그루 하이브리드로, 온대/지중해 기후 지역에서 녹색 아스파라거스를 재배하는 데 매우 적합하다. 이 품종은 조생종으로 아스파라거스를 빨리 생산할 수 있다. 아스파라거스 무게가 평균 이상으로 높아서 생산성이 매우 높다. 이 품종은 비옥하고 배수가 잘 되는 토양에서 생육이 좋다. 최고의 그린 아스파라거스 수량은 헥타르 당 재식밀도 25,000에서 32,000포기와 20~25cm의 이식 깊이에서 가장 좋았다. 가장 높은 식물의 재식밀도는 관개 또는 점적 시설 재배지에서 가능하다. 이 품종은 100% 숫그루 하이브리드로 오랜 기간 동안 식물에 위험이 없이 다년간 균일한 아스파라거스를 생산한다. 이 품종은 생산성이 매우 뛰어나고 우수한 두께의 아스파라거스를 생산한다. 아스파라거스의 끝이 단단한 고품질의 아스파라거스를 생산하는 조생형 품종으로 1등급 비율이 높다. 아스파라거스의 75% 이상은 아스파라거스의 두께가 12mm 이상 등급이다. 이 품종은 시각적으로 매우 매력적인 아스파라거스를 생산한다. 이 품종은 균일하고 짙으며, 직립적인 잎을 생산하며, 도복 및 잎 질병에 저항성을 가지고 있어서 가을까지 잘 보존된다. 이처럼 우수한 잎을 특징으로 가지고 있어서 친환경 재배에 매우 적합하다.

⑪ Sunlim 품종

이 품종은 100% 숫그루 하이브리드로 온대 또는 지중해 기후 지역에서 그린 아스파라거스 생산에 이상적이다. 이 품종은 높은 생산성과 우수한 품질을 갖춘 아스파라거스를 일찍 생산하므로 조생용 품종으로 이상적이다. 이 품종은 비옥하고 배수가 잘되는 토양에서 잘 생육한다. 최고의 그린 아스파라거스 수량은 헥타르당 재식밀도 25,000에서 32,000포기와 15~25cm의 이식 깊이에서 가장 좋았다. 가장 높은 식물의 재식밀도는 관개 또는 점적 시설 재배 조건에서 가능하다. 이 품종은 100% 숫그루 하이브리드이므로, 오랜 기간 동안 균일한 아스파라거스를 생산할 수 있으며 종자를 만들지 않는다. 이 품종은 생산성이 매우 높고 아스파라거스의 품질이 아주 좋다. 균일한 생산물의 70% 이상은 아스파라거스 두께가 12mm+ 등급이다. 따뜻하거나 뜨거운 환경에서도 아스파라거스의 끝은 단단히 닫혀 있다. 이 품종은 원통형이며 부드러운 아스파라거스를 생산한다. 이 품종은 균일하고 직립적인 잎을 가지고 있어서 도복 및 잎 질병에 강하고, 암그루처럼 열매를 만들지 않으므로 잎의 쓰러짐이 거의 없다.

⑫ Terralim 품종

이 품종은 100% 숫그루 하이브리드로 온대 또는 지중해 기후 지역에서 흰색 아스파라거스 생산에 이상적이다. 특히 아주 높은 1등급 아스파라거스를 생산하며 빠른 생산성을 가지고 있다. 이 품종은 조생종으로 이상적이다. 이 품종은 비옥하고 배수가 잘되는 토양에서 잘 자란다. 흰색 아스파라거스 생산에 가장 적합한 재식밀도는 미터당 5~6포기와 이식 깊이 18~22cm이었다. 가뭄에 민감하지 않은 비옥한 토양이나 관개시설이 있거나 비료 시비가 가능한 포장에서는 재식밀도를 6~8개체를 심어도 된다. 이 품종은 아스파라거스의 선단 끝이 잘 닫혀 있어서 비닐 멀칭 및 미니 터널과 같은 시설재배에 이상적이다. 이 품종은 생산성이 매우 높고 아스파라거스의 품질도 아주 좋다. 우수한 품질 및 좋은 두께를 가지고 있다. 균일한 생산물은 단단히 닫힌 끝을 가지고 있어 분홍색 변색 및 생리학적 녹병 등의 발생 가능성이 거의 없다. 아스파라거스 생산량의 75% 이상은 16~24m 등급으로 맛이 좋다. 이 품종은 잎이 균일하고 직립적인 잎을 가지고 있어서 도복 및 잎 병에 강한 특성을 지니고 있어서 친환경 재배에 이상적이다.

⑬ Thielim 품종

이 품종은 100% 숫그루 하이브리드로, 온대 기후에서 흰색 아스파라거스 생산에 이상적이다. 이 품종은 일반 조생형으로 생산성이 좋으며 신선용 및 가공용 판매에 적합하다. 이 품종은 비옥하고 배수가 잘되는 토양에서 잘 자라고 홍수가 발생하는 토양에서는 부적합하다. 따뜻하고 비옥한 조건에서 고품질 아스파라거스의 생산성이 매우 좋다. 아스파라거스 생산에 가장 적합한 재식밀도는 미터당 4~5포기와 이식 깊이 18~20cm이었다. 이 품종은 특히 다양한 종류의 시트 및 비닐 멀칭에서 잘 자란다. 이 품종은 생산성과 품질이 아주 좋다.

이 품종의 아스파라거스는 뛰어난 닫힌 끝을 지니며 분홍색 변색이나 파손 또는 홈이 있는 싹이 거의 없다. 아스파라거스 생산량의 70% 이상은 두께 16~28mm 등급이다. 풍부한 잎은 직립성이며 도복 및 잎 병에 강하므로 친환경 재배에 적합하다.

⑭ Vegalim 품종

이 품종은 100% 숫그루 하이브리드로 온대 또는 지중해 기후 지역에서 그린 아스파라거스 생산에 이상적이다. 이 품종은 중간 조생형으로 아스파라거스 생산성이 높고 뛰어난 닫힌 끝을 지니고 있으며 조기재배에 이상적이다. 이 품종은 비옥하고 배수가 잘되는 토양에서 잘 자란다. 그린 아스파라거스 생산에 가장 적합한 재식밀도는 헥타르당 25,000~32,000포기와 이식 깊이 15~25cm이었다. 가장 높은 식물의 재식밀도는 관개 또는 점적 시설 재배지에서 가능하다. 이 품종은 100% 숫그루이므로 생산 수명이 길 뿐만 아니라 어린묘도 만들지 않는다. 이 품종은 생산성이 높고, 고품질과 매우 좋은 두께를 가지고 있다. 생산량의 70% 이상은 직경 12mm+ 등급이다. 따뜻한 곳이나 더운 조건에서도 아스파라거스 이삭 끝은 단단하며, 매력적인 원통형의 부드러운 아스파라거스이다. 이 품종은 균일하고 매우 직립적인 잎을 가지고 있으며, 입병에 대해 저항성이 강하다. 열매를 형성하지 않으므로 잎은 거의 도복되지 않는다.

⑮ Vitalim 품종

이 품종은 100% 숫그루 하이브리드로 온대 또는 지중해 기후 지역에서 흰색 아스파라거스 생산에 이상적이다. 이 품종은 생산성이 높고 긴 생산 수명을 가지며 초기의 생산성이 매우 높다. 이 품종은 촉성재배에 이상적이다. 이 품종은 비옥하고 배수가 잘되는 토양에서 잘 자란다. 흰색 아스파라거스 생산에 가장 적합한 재식밀도는 미터당 4~5포기와 이식 깊이 18~22cm이었다. 가뭄에 민감하지 않은 비옥한 토양이나 관개가 되는 비옥한 토양에서는 미터당 6포기의 재식밀도도 가능하다. 비닐 멀칭 및 미니 터널과 같은 시설재배에 적합하다. 생산성이 높고, 고품질과 매우 좋은 두께를 가지고 있다. 파열이 없는 단단한 아스파라거스로 줄기 속이 치밀하고, 녹병에 대하여 저항성을 가진다. 올바른 수확 후 처리는 저장 수명을 향상시키고 분홍색 변색의 위험을 감소시킨다. 생산량의 70% 이상은 직경 16~24mm+ 등급으로 맛이 아주 좋다. 이 품종의 잎은 매우 균일하고 활력이 있으며 직립형이다. 도복 및 잎 병에 대하여 강하므로 친환경 재배에 적합하다.

⑯ Xenolim 품종

이 품종은 100% 숫그루이며 100% 안토시아닌이 없는 하이브리드로, 온대 기후에서 녹색 아스파라거스 생산에 매우 적합하다. 이 품종은 중조생형으로 생산성이 높고 긴 생산 수명을 가지고 있다. 이 품종은 비옥하고 배수가 잘되는 토양에서 잘 자란다. 안토시아닌 없는 녹색 아스파라거스 생산에 가장 적합한 재식밀도는 미터당 4포기와 이식 깊이 15~20cm이었다. 이 품종은 100% 숫그루이므로 생산 수명이 길 뿐만 아니라 종자를 만들지 않는다. 이 품종은 매우 높은 생산성, 우수한 품질 및 아주 좋은 두께를 가지고 있다. 따뜻한 환경에서 수확한 경우에도 아스파라거스의 끝 부분은 단단히 닫혀 있다. 생산량의 약 70%가 상업적으로 우수한 12mm+ 등급이며 원통형의 부드러운 아스파라거스를 만든다. 자연적으로 일찍 시들어도, 비축된 유용 저장 영양분이 식물을 위해 준비되어 있다.

그림 1-6 식용 아스파라거스의 품종별 사진(UC-157, Grande, Atlas, Apollo: Walker Brother Inc.; Avalim, Gijnlim, Backlim, Grolim, Portlim: Limgroup) (출처: www.google.com)

04 아스파라거스의 식품적 가치(기능성 물질)

식품의 역할은 시대에 따라 그 역할이 확장되어 왔다. 식품의 기능은 크게 3가지로 구분할 수 있다. 제1차 기능은 영양기능으로써 생명유지에 필요한 영양소를 공급하는 기능으로 가장 기본적인 기능이다. 제2차 기능은 감각기능인데, 식품을 먹었을 때 느끼는 맛과 향기 등의 감각적인 부분을 일컫는 말이다. 제3차 기능은 생체조절 기능으로 각 식품들이 갖고 있는 생리활성 성분을 통해 생체방어, 노화억제, 질환방지와 같은 생리조절이 가능하도록 하는 기능이다. 기술의 발전으로 건강에 대한 관심이 높아지면서 소비자들은 식품에서 더 큰 가치를 원하게 되었고, 평소의 식습관으로 건강 증진이 가능하도록 하는 3차 기능이 주목 받고 있다. 때문에 자연에서 유용성분을 얻는 기술이 중요해 졌으며, 이들만 따로 추출하여 만드는 기능성 식품이 나타나게 되었다. 향후 전 세계적으로 식품 산업계에서 기능성 식품 소재 분야가 가장 유망한 분야일 것으로 예상되고 있다.

4.1 기능성 물질이란

기능성 물질이란 자연에 존재하는 동식물, 미생물 등이 생명유지 과정에서 생합성 및 분해되어 생긴 화합물 중 의학적 가치가 있는 화합물이라고 할 수 있다. 대사활동에 주로 쓰이는 물질 외에 미량으로 존재하면서 여러 기능에 관여하는 물질로서 식물 동물 미생물 등 자연에 존재하는 생명체들로부터 추출 및 분리를 한다.

아스파라거스 무침, 아스파라거스 소세지볶음,
아스파라거스 소박이, 아스파라거스 감자볶음,
아스파라거스와 브로콜리 피망 볶음

아스파라거스 카레

아스파라거스 회무침

아스파라거스 제육볶음 도시락

그림 1-7 아스파라거스 요리사진

식물은 생장에 필수적이진 않지만 주변의 병해충으로부터 자신을 지키기 위해 많은 보호 물질을 생성한다. 이를 2차 대사산물이라 말하며, 그 중 인체에 유용한 성분들을 기능성 물질로써 사용한다. 2차 대사산물의 역할에 대해서는 아직도 연구가 필요한 부분이 많지만 식물이 생산하는 항생 물질과 생리활성 물질을 의약, 향료(정유성분), 색소 등으로 이용하고 있다. 이들은 생합성 경로가 복잡하여 식물로부터 직접 추출하여 이용되고 있으나 함량이 낮고 장소나 기후, 재배조건, 식물체의 부위 등에 따라 생산량이 다르므로 공급이 안정되어 있지 않다. 이러한 문제점을 해결하기 위해 식물의 유용물질의 증대 기술이나 조직배양을 통한 유용물질 생산의 연구에 관심이 모아지고 있다.

4.2 아스파라거스 영양적 성분

주로 샐러드, 스프로 이용을 하며, 육류와 함께 볶거나 구워도 맛이 좋아 인기가 매우 높다. 아스파라거스에는 비타민, 아미노산과 단백질이 풍부하고, 특히 아스파라긴산이 다량 함유되어 있어 피로회복 및 숙취 해소에 매우 탁월하다.

표 1-3 아스파라거스(생것) 100g당 영양소 (국가표 준식품성분표)

성분	함량
에너지	15kcal
수분	94.6g
단백질	1.9g
탄수화물	2.8g
칼슘	22mg
인	61mg
철	0.5mg
칼륨	220mg
나트륨	4mg
비타민A (베타카로틴)	321μg
비타민B_1	0.12mg
비타민B_2	0.13mg
니아신	0.8mg
비타민C	5mg
식이섬유	0.7g

특히 아미노산의 일종인 아스파라긴산은 아스파라거스에서 최초로 분리되어 붙여진 이름이며, 숙취 해소를 돕는 역할을 한다고 알려져 있다. 그 함량은 숙취 해소에 좋다고 불리는 콩나물보다 5~10배가량 높게 들어 있고, 추가적으로 비타민 B_1, B_2, C, E, K, 칼슘, 구리, 인, 칼륨 등의 무기질 영양소도 풍부하게 함유하고 있다.

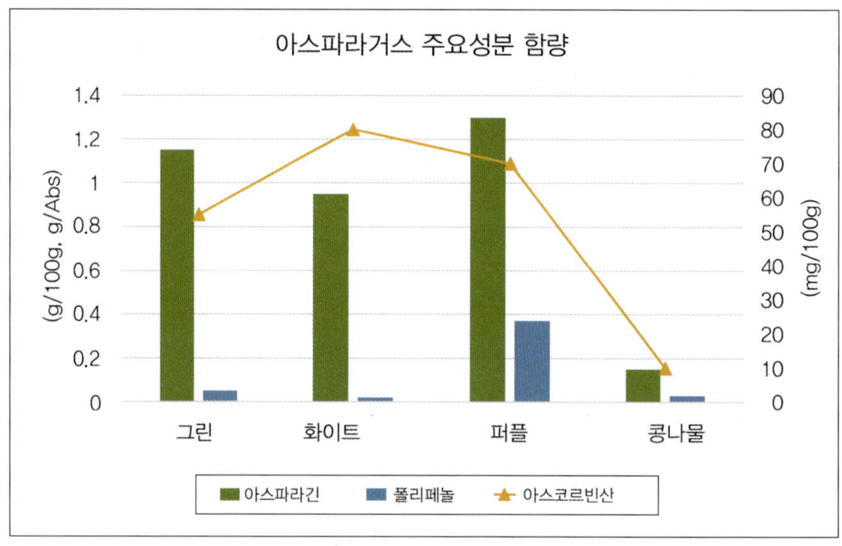

그림 1-8 아스파라거스 주요 성분함량 비교(농촌진흥청)

4.3 아스파라거스 기능적 성분

대표적인 기능성 물질은 크게 두 가지가 있으며, 플라보노이드 계열의 폴리페놀 성분과 스테로이드성 사포닌(steroidal saponins) 계열의 식물성 스테롤 성분이 있다. 플라보노이드 계열의 성분 중에서는 루틴(rutin)과 퀘르세틴(quercetin)이 있으며, 스테로이드성 사포닌 계열의 성분 중에서는 프로토다이오신(protodioscin)이 가장 대표적이다. 이러한 기능성 성분들은 각종 항암·항산화 효과에 탁월한 효과가 있다고 알려져 있다.

4.3.1 식물성 스테롤(Phytoserol, Phytostanol)

식물계에서 쉽게 찾아 볼 수 있는 식물성 스테롤의 종류로는 베타 시토스테롤(β-sitosterol), 스티그마스테롤(stigmasterol), 캄페스테롤(campesterol) 등이 있으며, 아스파라거스에는 스테로이드성 사포닌이라고 불리는 식물성 스테롤이 함유되어 있고 그 중 protodioscin은 화이트 아스파라거스의 대표적인 성분으로 보고되어 있다. 다양한 식물성 스테롤이 존재하지만 일반적으로 이용하는 그린 아스파라거스에서는 그 양이 적다고 알려져 있고, 쓴맛에 기여하는 성분으로 보고된 바 있다. 현재까지도 아스파라거스의 뿌리와 줄기에서는 계속해서 HPLC와 NMR을 이용하여 새로운 스테로이드성 사포닌 물질이 분리되어 보고되고 있다.

특유의 냄새를 갖고 있는 식물성 스테롤은 구조적인 측면에서 보면 동물 세포에 있는 동물성 스테롤인 콜레스테롤(cholesterol)과 유사한 구조를 가지고 있다. 구조가 비슷하기에 식물성 스테롤은 장내 콜레스테롤 흡수를 경쟁적으로 억제할 수 있으며, 혈액에서의 콜레스테롤 저하 효과를 나타낸다. 그 외에도 식물성 스테롤은 스테로이드(지용성) 성분과 설탕(수용성) 성분이 포함되어 있기 때문에 세포막의 기능과 면역 반응의 다양한 측면을 포함하여 신체 전반에 걸쳐 독특한 영향을 미칠 수 있으며, 결장암, 유방암 및 전립선암 등의 질병으로부터 보호 작용을 할 수 있다고 알려져 있다.

연구에 따르면, 아스파라거스 줄기의 껍질 분말이 고지혈증 쥐의 혈청 지질 수치를 감소시킬 수 있다는 자료를 토대로 고지혈증 쥐에게 8주 동안 아스파라거스의 n-부탄올 추출물을 섭취하도록 하여 관찰을 하였다. 그 결과, 저밀도 지방단백질 콜레스테롤의 감소와 함께 혈장의 총콜레스테롤의 감소가 관찰되었다. 혈장의 총콜레스테롤이 1% 감소할 때마다 관상 동맥 심장 질환의 위험이 2%씩 감소된다고 보고된 바 있다. 또한 아스파라거스의 n-부탄올 추출물은 간세포 내 지질 침착 및 거친 소포체 세망을 감소시키며 강력한 지질 저하 및 간 보호 작용을 나타낸다고 보고되었다. 이 연구 결과는 아스파라거스의 성분이 식품 및 의약품 또는 다른 저지방 약물과 함께 보충제로 사용될 수 있음을 나타낸다. 이러한 아스파라거스 추출물 효능의 원인인 저지방 혈증 작용은 콜레스테롤 흡수 및 합성을 감소시켜 혈중 콜레스테롤 수치를 낮추는 스테로이드성 사포닌의 영향일 것이라 추론하고 있다.

(1) 프로토다이오신(Protodioscin)

프로토다이오신은 화이트 아스파라거스의 주요 스테로이드성 사포닌 성분이며, 그 외에도 남가새(*Tribulus terrestris* L.)라는 식물체가 주성분으로 갖고 있다. 보통 남가새 식물을 통하여 프로토다이오신의 많은 연구가 이루어졌다. 남가새(*Tribulus Terrestris*)는 인도와 중국의 전통 의학 시스템에서 일반적으로 사용되는 약용 식물로 건강 개선과 최음 효과가 있다고 알려져 있다. 때문에 프로토다이오신이 이러한 효능에 기여할 것으로 추정이 되고 있다. 토끼에게 남가새 추출물을 처리한 결과 호르몬인 테스토스테론과 DHT의 농도가 유의성 있게 증가하는 모습이 나타났다고 보고되었다. 쥐의 뇌에 추출물을 처리한 후에 남성의 생식기능에 필수적인 역할을 하는 안드로겐 호르몬의 수용체를 관찰하였다. 그 결과, 처리군에서 안드로겐 수용체 면역 반응이 증가되었고 이와 양의 상관관계로 안드로겐의 농도가 증가한다고 보고되었다. 하지만 인간에 대한 효능은 나타내지 못하였으며, 지속적인 연구가 필요해 보인다.

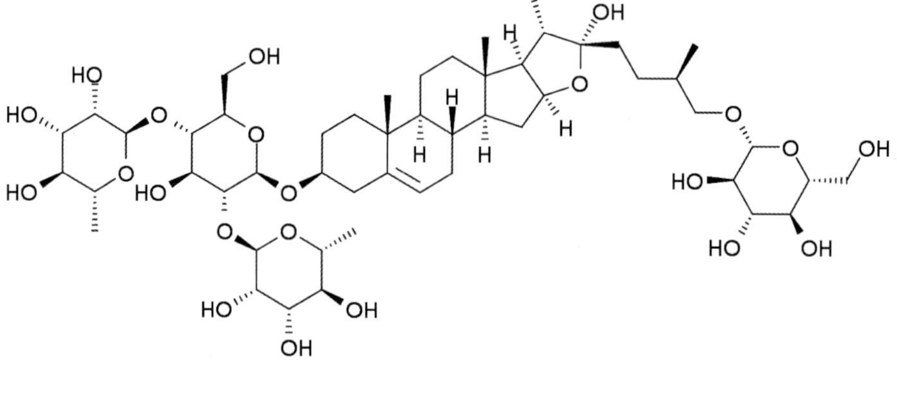

그림 1-9 프로토다이오신의 구조식

4.3.2 플라보노이드(Flavonoid)

기능성 물질로 알려진 식물계에 널리 분포되어 있는 2차 대사산물로 보통 노란색 색소를 총칭한다. 폴리페놀의 한 종류로써 항염증, 항종양, 항알레르기, 항균 등 다양한 효능을 갖는다고 알려져 있다. 아스파라거스는 맛과 영양 성분이 높아 높게 평가되는 채소이다. 아스파라거스는 높은 항산화 기능을 가지고 있을 뿐 아니라 생체 활성을 돕는 화합물의 좋은 공급원이기도 하는데, 이러한 유용 성분들은 페놀 화합물에서 비롯된다. 우리가 일반적으로 먹는 그린 아스파라거스의 페놀 화합물에서 대표적인 성분들은 루틴으로 플라보노이드에 속하는 화합물이다. 추가적으로 퀘르세틴과 캠퍼롤 등의 플라보노이드 성분들도 함유되어 있다고 한다.

아스파라거스를 에탄올로 추출하여 항산화 작용을 살펴본 결과, 추출물의 안티 라디칼 활성 및 환원력이 총페놀 함량과 높은 상관관계가 나타났고, 이는 페놀 화합물이 두 가지 활성을 담당할 수 있음을 나타낸다고 시사하였다. 아스파라거스의 성분 중 가장 높은 함량을 나타내는 것은 루틴이며, 총페놀 함량 중 60~80%를 차지하고 일반적으로 상업용으로 사용되는 각종 아스파라거스들도 총페놀 함량의 70%를 루틴이 차지한다고 한다고 보고된 바 있다. 따라서 그린 아스파라거스의 높은 생리활성은 루틴과 관련이 있다고 할 수 있다.

(1) 루틴(Rutin)

루틴은 플라보노이드 계열 성분으로 퀘르세틴의 배당체이다. 일반적인 아스파라거스의 대표적인 항산화 물질로써 대표적인 효능으로는 혈관을 강화시켜 출혈을 예방하는 효능이 있으며, 항균에 기여한다는 보고가 있다. 쥐를 대상으로 한 관절염 실험에서 플라보놀(루틴, 퀘르세틴)과 플라보논(헤스페리딘)을 사용한 결과, 루틴, 퀘르세틴, 헤스페리딘은 급성기에 생성된 부종을 감소시켰고, 만성 단계에서는 루틴만이 상당한 활성을 나타냈다. 최종적으로 억제능은 루틴이 100%로 가장 억제능이 좋았으며, 퀘르세틴(50%), 헤스페리딘(33%)의 순으로 나타났다. 쥐를 이용한 간 독성 보호 실험에서 간의 손상을 일으키는 파라세타몰을 복용하게 한 후, 루틴을 섭취하지 않은 쥐 그룹은 10마리 모두 죽었으나, 루틴을 함께 복용한 그룹은 10마리 중 4마리만이 사망하였다. 또한 스트렙토조토신으로 당뇨병을 유도한 쥐에게 루틴 처리를 한 결과, 혈장 포도당의 감소와 인슐린과 C 펩타이드(인슐린 생합성 시 형성됨)의 증가가 나타났다. 루틴은 자유 라디칼을 제거하고 지질 과산화를 억제하여 스트렙토조토신 유발 산화 스트레스를 예방하고 베타 세포를 보호하여 인슐린 분비를 증가시키고 혈당 수준을 감소시킨다고 보고된 바 있다.

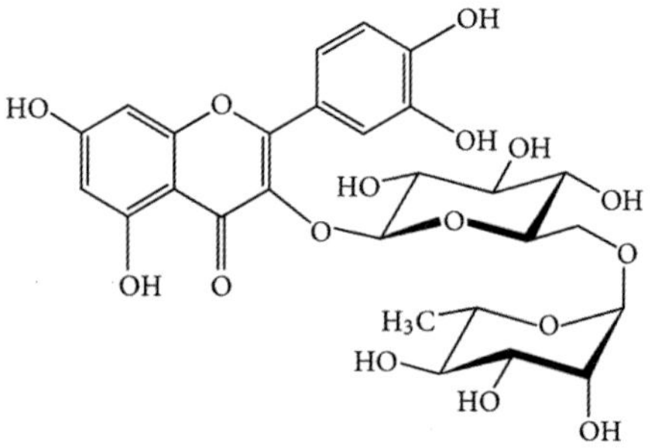

그림 1-10 루틴의 구조식

(2) **퀘르세틴**(Quercetin)

퀘르세틴은 루틴을 포함한 여러 배당체의 아글리콘이며, 영양 연구에서 가장 잘 연구 된 플라보노이드 중 하나이다. 이 플라보노이드 물질을 주로 양파에서 주로 섭취한다고 알려져 있지만, 일본 홋카이도 근처의 500명 이상의 거주자를 대상으로 조사한 결과, 퀘르세틴을 섭취하는 식품 중 아스파라거스가 29%로 41%인 양파 다음으로 많은 수치를 나타냈다. 퀘르세틴은 수많은 만성적인 건강 문제뿐만 아니라 심혈 관계 질환의 위험 감소와 관련되어 있다고 보고되었다. 연구 결과로는, 다른 플라보노이드(아피게닌, 탁시폴린, 루테올린, 제니스테인)와 같이 난소암 세포의 성장억제 및 혈관표피성장인자(VEGF)의 단백질 분비 억제 능력을 갖고 있다고 보고되었다. 스트렙토조토신으로 당뇨병을 유도한 쥐에서 혈당 농도를 감소시키고 인슐린 방출을 증가시킨다는 것이 보고되었고, 스트렙토조토신으로 당뇨병을 유도한 쥐에서 퀘르세틴이 산화 스트레스를 줄이고 췌장 베타 세포의 완전성을 보존함으로써 췌장 베타 세포를 보호한다.

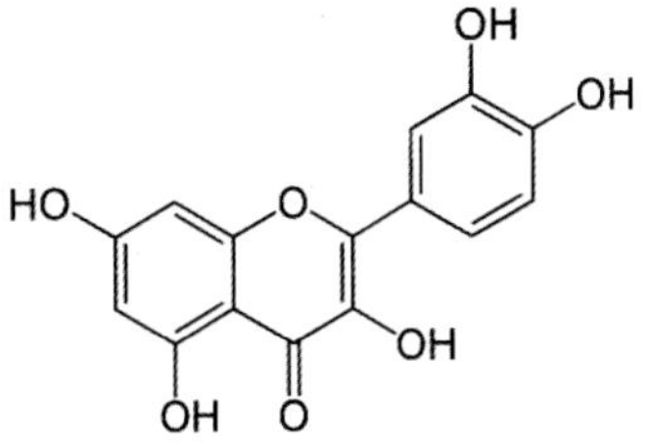

그림 1-11 퀘르세틴의 구조식

(3) **그 외 성분**

① 리놀레산(linoleic acid)

필수 지방산의의 두 가지 계열 중 하나로, 세포막의 지질에서 발견되며, 견과류나 참깨나 해바라기 같은 기름진 종자, 식물성 기름에 풍부하게 있다. 세포막의 지질에 존재한다. 항염증제 및 여드름과 같은 피부 미용에 유익한 특성을 갖고 있다. 피지에서 리놀레산의 상대적 감소가 여드름의 원인이 될 수 있다는 가설이 있으며, 가벼운 여드름 환자의 미세면포(microcomedone)에 리놀레산(linoleic acid)을 처리한 결과, 모낭의 주름과 미세면포의 크기가 25% 감소되었다는 결과가 있다. 또한 리놀레산을 풍부하게 함유하고 있는 해바라기 씨앗 기름을 처리하자 1시간 이내에 피부 장벽의 회복을 상당히 가속시켰고, 지속시간은 처리 후 5시간 동안 지속되었다는 결과도 있다. 아스파라거스의 직접적인 연구 결과로는 염증 유발 물질인 프로스타글란딘(prostaglandin)을 생성하는 효소인 시클로옥시나아제-2(Cox-2)에 대한 억제 활성 평가가 있다. 시클로옥시나아제-2의 억제 활성을 보기 위하여 처리한 아스파라거스의 성분들 중 리놀레산이 가장 활성이 좋다는 결과가 있다.

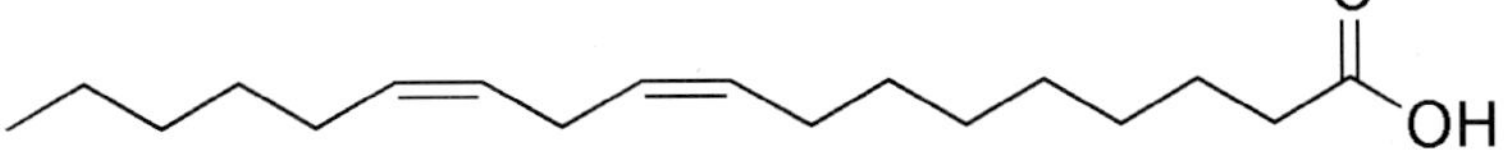

그림 1-12 리놀레산의 구조식

참고문헌

강원도농업기술원 2013. 아스파라거스재배기술.

농촌진흥청 온난화대응농업연구센터, 2005. 난지권 기후특성을 이용한 고품질 "아스파라거스" 재배.

Green Asparagus Cultivation Manual, Limgroup Horst, the Netherlands January 2016.

White Asparagus Cultivation Manual, Limgroup Horst, the Netherlands January 2016.

http://www.walkerseed.com/home.html

https://www.limgroup.eu/en/asparagus/#

http://www.google.com

Awad, A. B., & Fink, C. S. (2000). Phytosterols as anticancer dietary components: evidence and mechanism of action. The Journal of nutrition, 130(9), 2127-2130.

Sun, Z., Huang, X., & Kong, L. (2010). A new steroidal saponin from the dried stems of Asparagus officinalis L. Fitoterapia, 81(3), 210-213.

Zhu, X., Zhang, W., Pang, X., Wang, J., Zhao, J., & Qu, W. (2011). Hypolipidemic Effect of n-Butanol Extract from Asparagus officinalis L. in Mice fed a High-fat Diet. Phytotherapy research, 25(8), 1119-1124.

Dinchev, D., Janda, B., Evstatieva, L., Oleszek, W., Aslani, M. R., & Kostova, I. (2008). Distribution of steroidal saponins in Tribulus terrestris from different geographical regions. Phytochemistry, 69(1), 176-186.

Gauthaman, K., & Ganesan, A. P. (2008). The hormonal effects of Tribulus terrestris and its role in the management of male erectile dysfunction-an evaluation using primates, rabbit and rat. Phytomedicine, 15(1), 44-54.

Rodríguez, R., Jaramillo, S., Rodríguez, G., Espejo, J. A., Guillén, R., Fernández-Bolaños, J., ... & Jiménez, A. (2005). Antioxidant activity of ethanolic extracts from several asparagus cultivars. Journal of agricultural and food chemistry, 53(13), 5212-5217.

Fuentes-Alventosa, J. M., Rodríguez, G., Cermeño, P., Jiménez, A., Guillén, R., Fernández-Bolaños, J., & Rodríguez-Arcos, R. (2007). Identification of flavonoid diglycosides in several genotypes of asparagus from the Huétor-Tájar population variety. Journal of agricultural and food chemistry, 55(24), 10028-10035.

Guardia, T., Rotelli, A. E., Juarez, A. O., & Pelzer, L. E. (2001). Anti-inflammatory properties of plant flavonoids. Effects of rutin, quercetin and hesperidin on adjuvant arthritis in rat. Il farmaco, 56(9), 683-687.

Kamalakkannan, N., & Prince, P. S. M. (2006). Antihyperglycaemic and antioxidant effect of rutin, a polyphenolic flavonoid, in streptozotocin-induced diabetic wistar rats. Basic & clinical pharmacology & toxicology, 98(1), 97-103.

Luo, H., Jiang, B. H., King, S. M., & Chen, Y. C. (2008). Inhibition of cell growth and VEGF expression in ovarian cancer cells by flavonoids. Nutrition and cancer, 60(6), 800-809.

Coskun, O., Kanter, M., Korkmaz, A., & Oter, S. (2005). Quercetin, a flavonoid antioxidant, prevents and protects streptozotocin-induced oxidative stress and b-cell damage in rat pancreas. Pharmacological research, 51(2), 117-123.

Jang, D. S., Cuendet, M., Fong, H. H., Pezzuto, J. M., & Kinghorn, A. D. (2004). Constituents of Asparagus officinalis evaluated for inhibitory activity against cyclooxygenase-2. Journal of agricultural and food chemistry, 52(8), 2218-2222.

Knaflewski, M. (1996). GENEALOGY OF ASPARAGUS CULTIVARS. Acta Hortic. 415, 87-92.

MEMO

제 2 장

국내외 생산 동향과 수익성 분석 및 향후 전망

01 국내 동향

아스파라거스는 1960년대 수출 유망 채소로 선정되어 정부정책사업 일환으로 1966년부터 아스파라거스 재배를 시작하여 1968년에는 약 700ha에 정도 재배가 되었으나 재배기술 미흡, 경고병의 피해 및 국내 소비 기반 부족 등의 이유로 감소되었다. 1976년에는 78ha가 경북 구미, 포항, 충북 부여, 전북 완주, 전주 등지에서 단지화되었으나, 파종부터 수확까지 3년이 걸리고, 재배 토양의 부적합, 재배기술 미숙 및 경고병의 피해 등의 이유로 재배농가들이 자취를 감추었다. 1990년대에 들어서서 국민생활수준 향상, 웰빙 음식과 서양채소인 아스파라거스의 기능성 물질과 영양성분이 부각되면서 점차적으로 국내 소비가 증가되어 재배 면적이 증가하였다.

2006년까지 아스파라거스는 비가림 재배인 플라스틱 하우스 시설에서 웰컴, 그린타워 등을 34ha 정도 재배를 하였다. 강원, 경기, 전북, 제주 등에서 전국적으로 약 70ha 이상 재배되고 있는 것으로 추정되며, 강원도 내에는 양구, 홍천을 중심으로 약 10ha 정도, 전남 강진, 영암과 화순 중심으로 10ha, 전북 남원과 순창 중심으로 10ha 이상 재배되고 있다. 최근에는 지방자치단체의 지원과 고급 웰빙 채소로 소비가 확대되면서 재배 면적이 150ha 이상으로 추정하고 있다. 주요 아스파라거스 생산지역은 제주, 전남 강진, 전남 화순, 전북 남원, 충남 논산, 충북 당진, 강원 춘천, 양구, 홍천 등에서 단동과 연동 하우스

2월: 강진, 제주

3월: 서귀포, 제주, 화순, 강진, 홍천

4월: 양구, 홍천, 강진, 제주, 서귀포, 화순, 논산, 당진, 남원

5~7월: 양구, 정선, 홍천, 보성, 청양, 남원, 강진, 화순, 영암, 당진, 논산, 서귀포

8~9월: 양구, 홍천, 강진, 남원, 화순, 공주, 논산, 당진, 제주

10월: 양구, 화순, 논산, 강진, 제주

11월~1월: 수입(호주, 페루, 태국)

그림 2-1 국내 재배지역 및 생산시기

형태로 재배되고 있다.

아스파라거스의 재배는 파종부터 3년까지 Crown과 뿌리 양성 기간이 필요하여 초기에는 자본회전이 느린 단점이 있지만, 한번 심으면 15년 정도 수확이 가능한 이점이 있다. 국내는 대부분 비가림 하우스 시설에서 재배하므로 생산시기 조절과 제주도에서 강원도 고랭지에 이르기까지 삼중보온 커튼과 지중가온 시설에 의한 촉성재배 등에 의한 주년생산으로 안정적인 공급이 가능하다. 이런 재배법으로 인해 아스파라거스의 대량 소비국인 일본과 지리적으로 인접해 있기 때문에 수출물류비용 절감 및 고품질 아스파라거스와 신선도를 유지한 상태로 아스파라거스를 수출할 수 있는 장점이 있다.

국내 아스파라거스 가격은 최근 소비가 증가하면서 서울 가락동 도매시장(서울청과)에서 상장되었다. 2008년에는 58톤이 거래되었지만 8년이 지난 2016년에는 324톤이 거래되어 2008년 대비 5.6배가 증가하였다. 아스파라거스에는 루틴, 프로토다이오신 등이 많이 함유되어 있어, 영양가가 풍부하고 항암효과 및 정력 증강 효과로 인한 아스파라거스 소비 증가로 가락동 도매시장에 반입물량 증가와 내수시장도 성장할 것으로 예상된다.

그림 2-2 강원지역 아스파라거스 생산현장

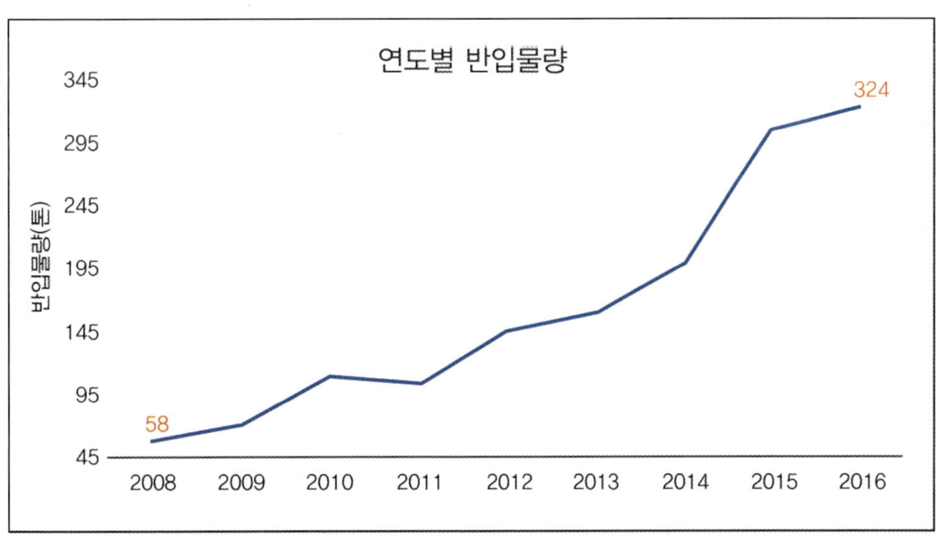

그림 2-3 국내 연도별 아스파라거스 반입물량(2016, 가락시장)

가락동 도매시장에서는 아스파라거스가 연평균 Kg당 10,000원 정도의 높은 가격을 받고 있어 새로운 소득 작목으로 급부상하고 있다. 2012년의 월별 가격 동향을 보면 봄 수확 시기인 4~5월에 가장 낮고, 6월 중순 이후 가격이 상승하였다. 국내의 아스파라거스 생산은 남해안 지역인 제주도, 강진 등에서 출하되지만 봄철에 기상 이상 등 온도 상승으로 4~5월은 국내 대부분 생산 지역에서 봄 수확량이 집중 출하되기 때문에 가격이 낮은 것으로 판단된다. 정부 차원에서의 출하시기 조절, 생산기술의 다각화, 내수시장 활성화 등과 같은 적극적인 대책이 요구된다.

봄 수확 후 대부분 지역은 6~7월에 입경을 하지만 강원도 양구와 춘천지역은 6월에도 아스파라거스를 생산과 판매하므로 Kg당 10,000원 이상의 가격을 받고 판매하고 있다. 강원도 양구 지역의 한 농가에서 2012~2014년도까지 3년간 수확한 아스파라거스의 월별과 스피어(경경) 크기를 분석한 결과 스피어 사이즈 2호(경경사이즈 17~19mm)와 3호(경경사이즈 14~16mm) 사이즈의 아스파라거스를 6월경에 생산하면 재배 농가의 가격 경쟁력이 있어 고소득을 창출할 것으로 예상이 된다.

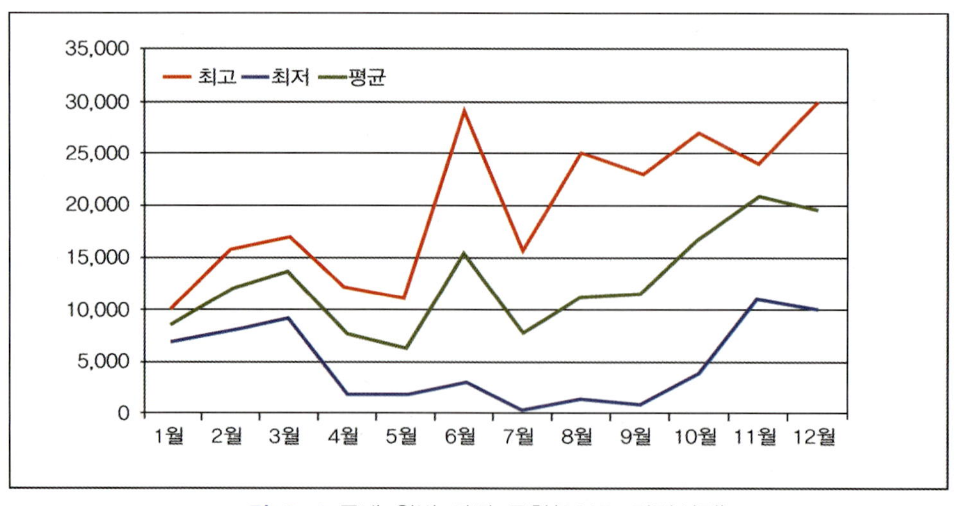

그림 2-4 국내 월별 가격 동향(2012, 가락시장)

국내에서 단경기인 12월부터 익년 2월까지는 생산 환경이 매우 불리하므로 대부분 아스파라거스를 해외에서 수입하고 있는 실정이다. 최근 전라남도 농업기술원의 보도자료에 따르면 아스파라거스의 휴면을 자연적으로 타파하여 재배생장기로 전환시켜 생산이 불가능했던 12월부터 익년 2월까지 겨울철 단경기에 생산할 수 있는 기술을 개발하였다. 이런 기술이 상업화되기 위해서는 더 많은 연구를 진행할 필요가 있다. 강원도 농업기술원에서는 지난 2012년부터 매년 2~4ha의 식재가 가능한 묘를 생산 후 농가에 보급함과 동시에 품종선발과, 입경, 시비, 관수, 적심등 재배방법, 수확 시기 연장 등 생산성 향상 및 작형 개발을 집중적으로 연구해 오고 있으며 2018년도까지 아스파라거스 재배면적을 50ha까지 확대할 계획이라고 밝혔다. 이는 국내 아스파라거스 재배 면적 증가와 재배 농가들의 애로문제 해결과 재배 기술 보급 등으로 아스파라거스 생산에 많은 동기 부여와 나아가서 아스파라거스 해외수출에 대한 발판이 될 것으로 예상된다.

우리나라의 아스파라거스 수입량은 지속적으로 증가하여 2011년 기준 240톤이 수입되었고, 주로 단경기인 겨울철에는 아스파라거스 최대 수출국인 페루를 비롯하여 필리핀, 태국, 뉴질랜드, 호주 등에서 수입되고 있다. 우리나라 아스파라거스 수출량은 2010년 기준 7만 2천 달러 수준이며, 매년 소폭증가하고 있는 추세이다. 우리나라는 일본, 홍콩, 뉴질랜드, 싱가포르를 대상으로 아스파라거스 시범수출을 실시한 바 있으며, 그 결과 우리나라 아스파라거스의 품질 만족도가 매우 높은 것으로 평가되었다. 국내 아스파라거스 수출시장은 위치적으로 인접해 신선도 유지 및 물류비 절감에 유리한 일본이 거의 대부분이며 싱가포르로 소량 수출되고 있다.

아스파라거스는 재배 방법에 있어서 같은 품종으로 그린이나 화이트 아스파라거스 모두가 생산 가능하다. 국내는 대부분 그린 아스파라거스를 생산하고 있다. 일본도 마찬가지로 그린 아스파라거스가 주축이지만 세계적으로는 그린과 화이트의 생산 비율이 거의 반반이다. 아시아에서는 그린을 중심으로 재배하고 있으며 유럽 중심으로 화이트 아스파라거스를 재배하고 있다. 중국을 제외한

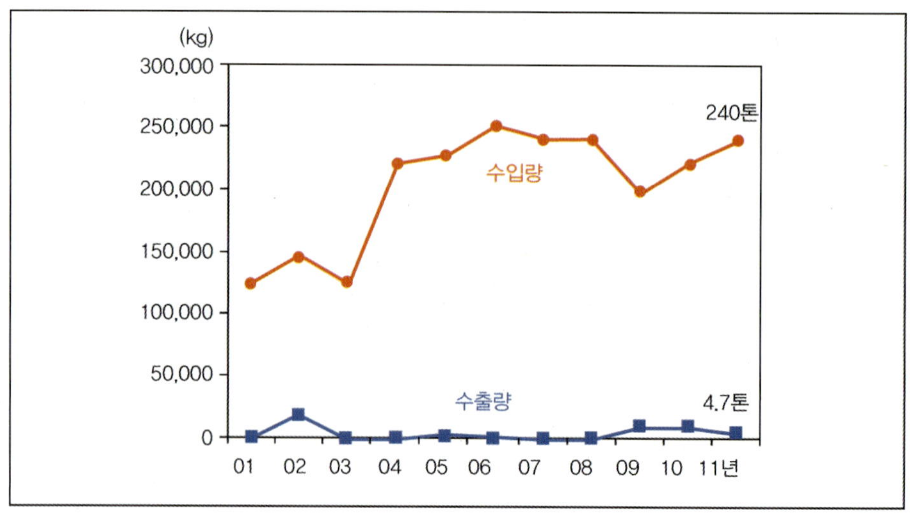

그림 2-5 우리나라 수입량 및 수출량

아시아나 유럽에서는 화이트 아스파라거스를 생식용으로 재배하고 있지만 중국이나 중남미, 미국 등에서는 통조림이나 냉동 등의 가공용으로 재배하고 있다.

02 국외 동향

전 세계 아스파라거스 재배 면적은 2005년 기준 총재배 면적은 225,235ha이며 아시아의 경우 89,895ha 중 중국이 80,000ha로 전 세계 아스파라거스 차지 면적중 가장 많이 차지하고 있다. 다음으로 일본, 필리핀, 태국 순으로 아스파라거스를 많이 재배하고 있다. 유럽의 경우 62,665ha중 독일이 20,000ha이며 그 뒤를 이어 스페인이 15,000ha로 가장 많이 재배하고 있다. 북아메리카의 경우 37,796ha 중 미국이 20,000ha이며, 그 다음으로 멕시코가 15,825ha를 재배하고 있다. 남아메리카는 26,450ha 중 페루가 18,000ha를 재배하고 있으며 남아프리카와 오스트레일리아가 각각 2,000ha와 4,000ha를 재배하고 있다.

표 2-1 국가별 아스파라거스 재배 면적

국가	재배 면적 변화	평균 수확량 (Kg)/ha	평균 생산 면적 (ha)		
	2005	2005	2005	2001	1997
ASIA (아시아)					
중국	증가	8,000	80,000	90,000	55,000
인도	증가	3,500	50	50	10
인도네시아	증가	3,000	150	100	100
이란	유지	1,430	700		
일본	유지	6,800	3,700	6,700	8,700
한국	증가	3,000	30	15	
말레이시아	유지	4,500	100	200	200
파키스탄	증가	10	10		
필리핀	증가	4,900	2,800	1,200	1,200
타이완	감소		100	500	500
태국	증가	15,000	2,200	1,568	2,000
EUROPE (유럽)					
오스트리아	유지	6,000	350	250	250
벨기에	유지	4,600	160	300	200
불가리아	유지	5,200	2,300		
키프로스	유지	4,000	250	200	
체코	증가	6,000	180		
덴마크	유지	2,800	70	200	200
프랑스	유지	3,500	7,000	10,500	12,140
독일	증가	6,000	20,000	14,500	12,000
그리스	감소	6,000	4,500	6,000	6,000
헝가리	증가	5,000	1,000	500	500
이스라엘	증가	3,800	25	150	150
이태리	유지	5,300	6,700	6,000	6,300
네덜란드	유지	8,000	2,350	2,275	2,300
노르웨이	증가	3,500	20		
폴란드	증가	3,000	1,000	1,500	1,000

국가	재배 면적 변화	평균 수확량 (Kg)/ha	평균 생산 면적 (ha)		
	2005	2005	2005	2001	1997
포르투갈	유지	4,200	200	200	200
루마니아	유지	400	50	50	50
슬로바키아	증가	6,000	45	30	20
슬로베니아	증가	6,000	250		
스페인	유지	4,500	15,000	17,000	20,200
스위스	감소		100	200	200
터키	증가	4,200	30	50	50
영국	증가	3,000	1,000	900	750
N. AMERICA (북아메리카)					
캐나다	유지	3,000	1,500	1,500	1,250
코스타리카	유지	3,500	50	20	20
엘살바도르	유지	3,500	50	50	50
과테말라	유지	4,000	100	400	600
온두라스	유지	4,000	20	10	20
멕시코	증가	3,700	15,825	15,000	10,000
니카라과	유지	3,500	210	210	50
파나마	유지	3,500	40	50	50
미국	감소		20,000	33,500	33,500
켈리포니아	유지	4,000	9,000		
워싱턴	감소	5,000	5,000		
미시간	유지	2,000	6,000		
S. AMERICA (남아메리카)					
아르헨티나	유지	3,780	2,000	2,000	2,000
브라질	유지		600	600	600
칠레	유지	4,500	4,000	4,200	5,500
콜롬비아	유지	4,700	850	800	800
에콰도르	증가	3,500	400	100	550
페루	유지	14,100	18,000	20,000	20,000
우루과이	증가	4,000	600	600	600

국가	재배 면적 변화	평균 수확량 (Kg)/ha	평균 생산 면적 (ha)		
	2005	2005	2005	2001	1997
AFRICA (아프리카)					
이집트	증가	4,000	500	50	50
모로코	유지	?	600	100	100
남아프리카	감소	3,500	2,000	2,500	3,500
튀니지	유지	3,500	80	100	60
짐바브웨	감소	4,000	50		650
AUSTRALIAN AREA (오스트레일리아)					
호주	유지	5,000	4,000	4,500	4,500
뉴질랜드	감소	3,700	1,200	2,500	2,500

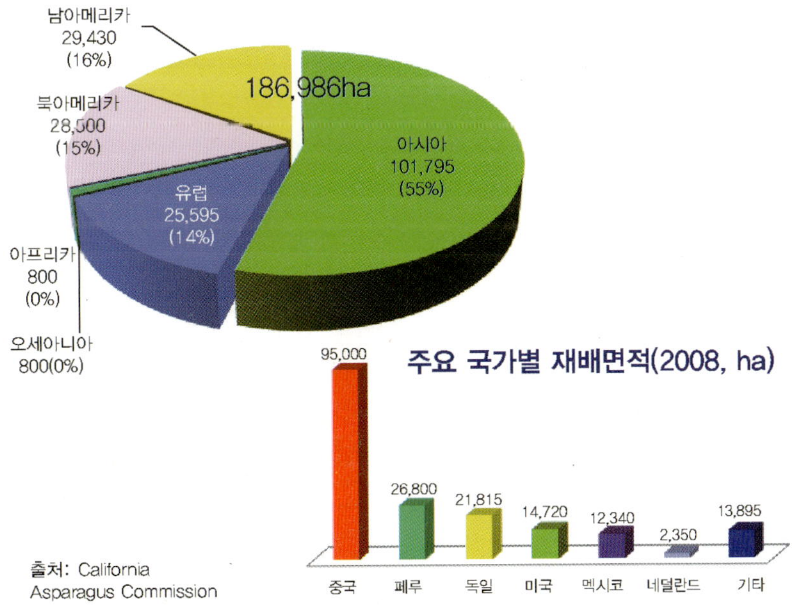

그림 2-6 세계 아스파라거스 재배 면적(2008)

특히 2008년에는 중국이 95,000ha로 아스파라거스 주요생산국가 중 전체 재배 면적의 50% 이상 차지하며, 2005년 대비 재배 면적은 감소하였지만 재배기술의 발달로 인해 생산량은 꾸준히 증가하는 추세이다. 중국 광저우 지역은 아스파라거스 생산에 적합한 온도 조건과 재배기술 향상으로 1ha당 70톤을 수확하고 있다고 보고된다. 중국에서는 생식용 아스파라거스뿐 아니라 다양한 가공식품으로 또는 의약소재로 사용되고 있다. 또한 아스파라거스를 이용한 각종 공산가공품들은 새로운 수출시장의 확대에 기여하고 있다.

일본의 아스파라거스 재배 면적은 1965년 이후 급속히 확대되어 1998년에는 홋카이도와 나가노, 이와테, 후쿠시마현 및 난지인 가가와, 사가, 나가사키 등을 중심으로 확대되었으며 2008년 기준 6,540ha로 전 지역에서 재배되고 있다. 일본에서 재배 면적이 가장 많은 지역은 홋카이도(북해도)(1,850ha), 나고야현(1,420ha), 후쿠시마현(1,275ha), 사가현(422ha) 순이다. 아스파라거스 생산량은 북해도, 나고야현, 사가현, 나가사키현, 아키다현, 후쿠시마현 순이며 이 지역들이 일본 생산량의 70%를 점유하고 있다. 아스파라거스 출하시기는 5월 중순 홋카이도를 중심으로 출하가 시작되어 전역으로 확대되며, 홋카이도 물량이 본격적으로 출하되기 이전에는 수입물량에 의존하고 있다. 일본의 아스파라거스 생산재배 면적은 1997년부터 2005년까지 감소하는 경향을 보였으나, 생산량은 증가하였다. 이는 아스파라거스의 재배방법이 과거에는 노지재배 중심이었으나 비가림 하우스 및 터널재배, 겨울철의 조숙재배 및 Mother Fern (모경관리) 재배 시스템 등과 같이 재배기술이 확립되어 생산량이 증가하였다고 판단된다. 모경관리 재배는 봄 수확 후 5내지 8개 줄기를 입경한 후 10월 말까지 수확하는 방법으로 봄 수확보다 여름 수확에 더 많이 생산하여 생산량이 증가하는 원인이 된다.

아시아에서 아스파라거스 재배 면적은 중국, 태국, 일본 순이다. 일본에서 아스파라거스 소비가 증가하고 연간 약 45,000톤을 소비한다. 2014년 기준 일본의 아스파라거스 수입량은 총 11,741톤으로 멕시코, 호주, 페루, 태국 등 4개국에 대한 수입량이 전체 수입량의 92% 이상을 차지하고 있다. 아스파라거스는 일본의 채소 소비량 3위를 차지할 정도로 많이 소비되고 있으며, 주로 일본산 아스파라거스의 생산량이 감소하는 시기에 수입이 확대되는 것으로 나타났다. 멕시코는 2~3월에 전체 수출물량의 68%가 집중되며, 호주는 10~11월에 77%가 집중되고 있다. 한국산 아스파라거스의 경우 4~5월에 집중되는데 이 시기는 일본산보다 출하시기가 조금더 빠르고 지리적으로 위치가 가깝기 때문에 상품의 신선도 측면에서 가격경쟁력이 있는 것으로 나타났다.

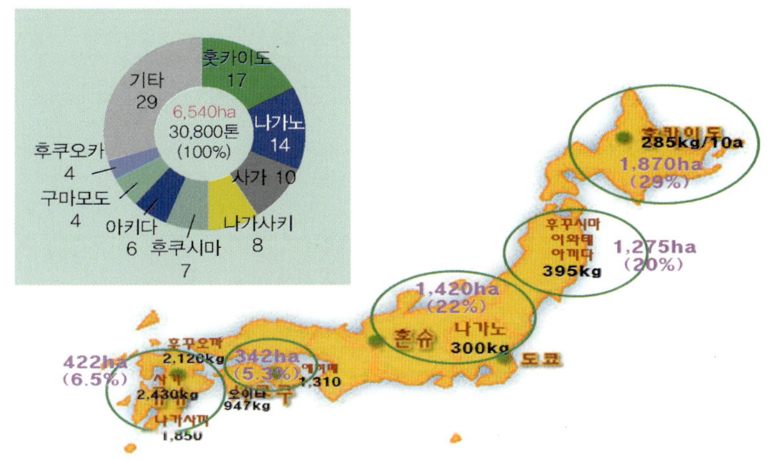

그림 2-7 일본의 재배 면적(2008)

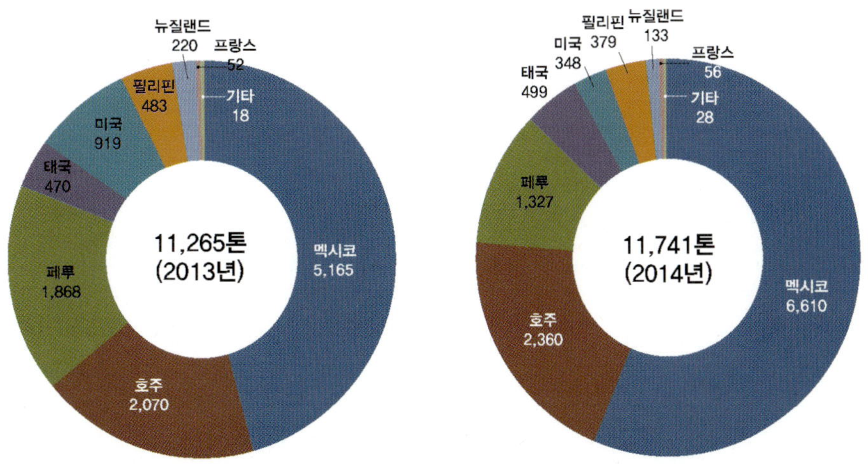

그림 2-8 일본의 아스파라거스 해외 수입량

중국의 아스파라거스 생산 규모는 정부의 공식적인 통계수치는 없는 상황이며, 일부 보고서를 근거로 약 725,29만 톤(11년)으로 예측하고 있다. 중국은 새로운 신기술 도입과 해외 과학자들의 초청으로 생산량이 증가하는데 2001년 대비 2011년에 약 72% 증가했으며, 전 세계 아스파라거스 생산량 1위를 차지하고 있다.

표 2-2 중국 아스파라거스 생산 규모(중국 보고망)

구분	2001년	2011년	비고
생산량	420,74만 톤	725,29만 톤	중국 각 지역 소량 생산
세계 생산 비중	85%	88%	세계 생산량 1위

중국은 1974년부터 아스파라거스를 재배하기 시작했으며, 현재 전체 재배면적은 약 100,000ha로 추정되고 있으며 주요 생산지는 산동성, 강소성, 복건성, 산서성 등 전국 20개 성(省)에서 생산되고 각 지역마다 소량생산하여 현지에 공급하고 있으며, 지역에 따라 생산품질 차이가 매우 크다.

표 2-3 중국의 아스파라거스 생산지

지역	주요산지
산동성	안구(安丘), 조현(曹縣), 리진(利津), 단현(單縣), 쥐현(莒县), 선현(莘县)
강소성	풍현(丰县), 동산현(铜山县)
복건성	동산현(东山县)
산서성	영제시(永济市)

중국의 아스파라거스 수출은 주로 미국, 유럽, 일본, 동남아, 호주 등으로 이뤄지고 있으며, 신선·냉장 제품보다는 통조림 등 가공제품 위주로 수출하고 있다. 가공제품은 대부분 통조림 형태로 수출되고 있으며, 주요 수출국은 스페인, 네덜란드, 독일 등 유럽지역이다. 통조림 외에도 음료, 차류 등이 수출되고 있으나 수출 실적은 미미한 편이다. 수출제품은 주로 아스파라거스 생산 및 수출가공기지가 있는 산동성 조현(山东省 曹县)에서 공급되고 있다.

그림 2-9 중국의 아스파라거스 가공제품 (자료: aT 베이징 지사)

03 수익성 분석 및 향후 전망

3.1 수익성 분석

아스파라거스의 생산성은 재배지역, 환경조건, 기술력과 재배년 수에 따라 상당한 차이가 있다. 일반적으로 정식 후 6~7년까지는 생산량이 증가하는데 7~8년 경에 최고 수량이 되며, 그 후에는 거의 비슷해진다. 20년까지 수확하나 10~15년 정도되면 묘를 갱신하는 것이 좋다. 페루의 경우 25년 이상된 묘에서도 수확이 이뤄지는 것으로 알려졌다. 정식 1년차에는 수확을 할 수 없고, 2년차부터 일부 수확을 할 수 있지만 최소 3년 이상 되어야만 정상적인 수량을 기대할 수 있다. 2009년부터 2016년까지 강원도 양구의 농가의 가락동 도매시장 출하량을 분석한 결과, 10a당 도매시장에 출하한 상품수량은 4년차에

820kg, 5년차에 997kg, 10년차에 1,000kg 내외로 농가별로 큰 차이를 보이고, 판매수익은 10a당 7백만 원에서 1천만 원으로 생산량에 따라서 큰 차이를 보인다. 강원도 양구농가의 5년차 월별 생산량은 5~6월에 집중되어 있으며, 여름철인 7~8월에도 매월 150~200kg 이상 생산을 하였다. 판매수익은 6월과 9월 초에 가장 높았고 생산량이 많은 5월에는 낮게 나타났는데, 이는 5월 집중 출하로 단가가 매우 낮았기 때문이다.

도매시장의 가격은 봄철 이후에 가장 높기 때문에 7~9월에 생산량을 증대시키는 것이 소득 향상에 매우 중요하다. 아스파라거스의 경제성을 분석한 결과, 재배 5년차 기준 생산량은 10a당 1.5톤 정도이고 평균 단가를 6,000원/kg으로 산정하면 9백만 원의 조수입을 얻을 수 있다. 중국 남부지역의 최대 수량은 10a당 7톤 이상으로 보고되고 있어 우리도 재배기술의 혁신을 통한 수확량을 지금의 2배 이상 증대가 가능한 것으로 조사되었다. 경영비는 타작물에 비해 매우 적어 10a당 2~3백만 원 정도 소요되며, 평균적으로 약 8백만 원 이상 소득을 올릴 수 있었다. 아스파라거스의 경영분석을 보면 일반채소에 비하여 소득률이 높고 조수입이 높은 편이다. 그러나 정식 후 본격적인 수확까지는 3~4년이 소요되어 다른 작목보다는 초기 자본회전이 느린 단점이 있다. 선진국의 아스파라거스 소비 패턴은 국민소득 3만 달러를 넘으면서부터 소비가 급격하게 증가되는 것으로 알려져 앞으로 국내의 아스파라거스의 소비는 매우 빠르게 증가할 것으로 기대되기에, 아스파라거스는 재배농가의 소득에 크게 기여할 수 있는 성장 잠재성이 매우 높은 채소라고 판단된다. 따라서 앞으로 우리나라도 10a당 생산량을 3.5톤 이상 높이기 위해서는 재배 적지 선정, 적품종 선발, 생산시스템 개발, 병해충 관리 등에 집중적인 연구가 필요한 것으로 사료된다.

3.2 향후 전망

3.2.1 내수시장

아스파라거스 가격은 최근 소비가 증가하면서 가락동 도매시장(서울청과)에서 상장되며, 연평균 kg당 10,000원 정도의 높은 가격을 받고 있다. 이는 재배면적이 적고, 생산량 또한 10a당 1톤 이하로 매우 적기에 소비량을 충족시키지 못하기 때문이다. 이처럼 내수가격이 높게 형성되면서 수입이 증가되고 있지만, 저장성이 나쁜 아스파라거스의 특성 상 큰 위협은 되지 못하고 있다. 또한 봄철(4월 중~5월 중)에 출하기가 집중되어 가격 폭락의 위험이 있기 때문으로 수출을 통한 내수 안정화가 필요하다.

우리나라의 아스파라거스 수입량은 소비량의 증가로 2012년 309톤, 213만 달러에서 2016년도에는 597톤 437만 달러로 약 2배 증가하였다. 주요 수입국은 페루, 태국, 멕시코, 호주 순이며, 수입 단가는 평균 7.32$/kg이다.

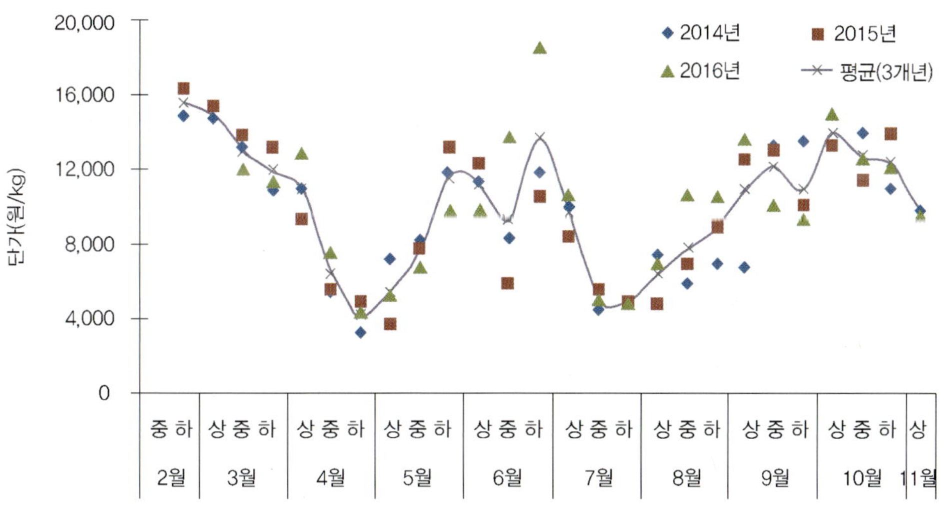

그림 2-10 국내 아스파라거스 상품 가격의 연중 변화(자료제공: 서울청과)

표 2-4 우리나라의 아스파라거스 국가별 수입량(2016)

2016년	중량(톤)	금액(만 달러)	단가($)
총 계	597	437	7.32
페 루	174	138	7.93
태 국	141	107	7.61
멕시코	123	85	6.86
호 주	107	71	6.62
필리핀	28	19	6.76
미 국	21	15	7.30
기 타	3	2	8.13

국내 아스파라거스의 생산량이 많고, 가격이 폭락하는 시기인 4월과 5월에 강원도 양구군을 중심으로 2016년부터 선박을 이용하여 일본으로 수출을 하고 있다. 수출량은 2016년도 11톤, 2017년도에는 18톤이었는데, 이러한 수출로 인하여 내수 가격이 안정되는 효과가 있었다.

표 2-5 아스파라거스 성출하기 국내 경락 가격 변화(자료제공: 서울청과)

구분	4월			5월		
	상순	중순	하순	상순	중순	하순
4개년 평균(A)	11,233	6,686	4,981	5,286	7,227	10,745
2013년	12,161	8,493	7,267	5,021	6,041	7,977
2014년	10,882	5,298	3,360	7,162	8,188	11,746
2015년	9,146	5,480	4,863	3,780	7,711	13,332
2016년	12,741	7,474	4,435	5,181	6,969	9,926
2017년(B)	11,758	10,247	12,959	10,890	12,793	15,805
B/A	1.05	1.53	2.60	2.06	1.77	1.47

2017년도 국내 가격의 안정이 일본 수출 한 가지로만 설명할 수는 없겠지만, 수확이 집중되는 4월과 5월에 지속적으로 수출을 한다면, 금후 아스파라거스의 가격 안정에 크게 기여할 수 있을 것으로 판단된다.

3.2.2 수출시장

아스파라거스는 전 세계적으로 즐겨 먹는 채소로 일본의 경우 채소 중 브로콜리 다음으로 많이 먹는다. 실제로 일본의 소비량 중 50%는 수입에 의존하고 있으며, 주로 멕시코와 호주에서 수입하고 있다. 우리나라의 2016년도 수출량은 11톤으로 일본 내 수입량의 0.1%에 불과하다. 지리적으로 가까운 이점을 활용하여 신선도 등 품질이 좋은 아스파라거스를 수출한다면 일본시장에서 점유율을 지속적으로 높여나갈 수 있을 것으로 판단된다.

표 2-6 일본의 아스파라거스 국가별 수입량(2016)

국가	중량(톤)	점유율	금액(천 달러)	단가($/kg)
합 계	10,802	100.0	69,995	
멕시코	6,052	56.0	37,320	6.17
호 주	3,427	31.7	20,541	5.99
페 루	651	6.0	6,192	9.51
태 국	232	2.1	1,951	8.42
뉴질랜드	146	1.3	1,007	6.91
미 국	128	1.2	856	6.69
프랑스	63	0.6	1,162	18.43
라오스	60	0.6	491	8.23
필리핀	16	0.2	104	6.36
이탈리아	11	0.1	159	15.04
한 국	11	0.1	76	7.20
기 타	6	0.1	136	20.0

※ 출처: 일본 재무성 수출입 통계(www.customs.go.jp)

최근에는 일본뿐만 아니라 아스파라거스의 소비가 많은 대만, 호주 등을 대상으로 시험수출을 하고 있다. 우리나라의 아스파라거스는 수출대상국 바이어로부터 품질적 측면에서 큰 호응을 받았다. 금후 아스파라거스의 수출 활성화를 위해서는 검역 등 비관세 장벽을 넘을 수 있는 해충 방제 및 농약안전성 교육 등의 강화가 필요하다.

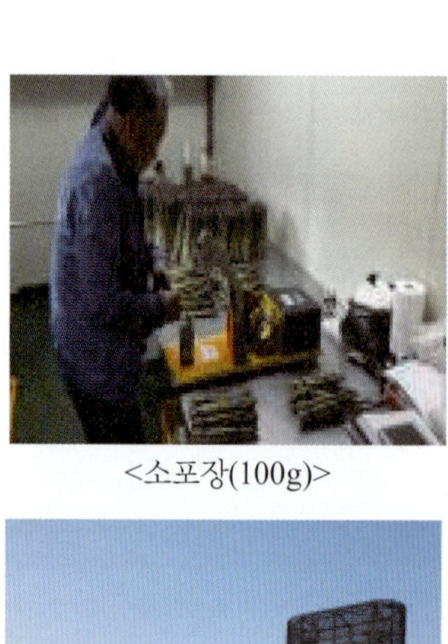

<소포장(100g)> <공동선별수집(양구)> <2℃ 저온수송(양구 → 부산)>

<시모노세키항 도착> <수출 컨테이너 개방> <수출상자>

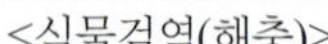

<식물검역(해충)> <식물검역 및 통관> <일본유통업체>

<슈퍼마켓 판매(후쿠오카)> <슈퍼마켓 판매(후쿠오카)> <슈퍼마켓 판매(후쿠오카)>

그림 2-11 국내 아스파라거스 수출유통 과정

참고문헌

농촌진흥청 작물과학원(RDA). 2003. 양채류 재배. 표준영농교본-48. 아스파라거스 p. 197-222.

농촌진흥청 온난화대응농업연구센터(RDA). 2005. 난지권 기후특성을 이용한 고품질 "아스파라거스" 재배

박권우(Park), 1986. 서양채소론. 아스파라거스 p. 42-54.

아스파라거스 해외 동향 조사(aT 베이징 지사)

아스파라거스 일본수출 매뉴얼(2016, 농촌진흥청)

가격월보 목록(서울시농수산식품공사)

Benson, B.L. 2005 Update of World's Asparagus Production Areas, Spear Utillization, and Production Period. Acta Horticulture. 776:495-517.

農耕と園藝編輯部. 誠文堂新光社. 2010. アスパラガスの生理生態と生産事例

MEMO

제 3 장 재배 생리적 특성

01 종자의 구조 및 발아

아스파라거스 종자는 종피, 배유, 배로 구성되어 있고 종피의 색은 검은색으로 표면이 매끄러우며 배꼽 부위는 약간 쪼글쪼글하다. 종자의 크기는 품종에 따라 약간의 차이는 있지만 직경 2~3mm 정도이고 종피를 제거하면 배와 배유가 보이는데, 배는 발아 후 식물체로 발육하기 위한 유근, 유아, 자엽 및 배축으로 구성되어 있으며 배유는 저장양분을 새싹에 공급한다. 종자 발아는 발아의 3대 필수조건인 수분, 온도, 산소가 갖추어지면 발아가 시작된다. 종자의 가장 좋은 발아 최적온도는 25~30℃이며 10℃ 이하는 최저온도로서 발아가 느리고 5℃ 이하에서는 발아가 되지 않는다. 종자의 발아 소요 일수는 적온에서 2~3주가 소요되고 발아률은 90% 이상 발아가 된다. 발아를 촉진하기 위해 단시간 동안 침종 후 파종하면 발아를 촉진시킨다. 햇볕에 큰 영향을 받지 않고 잘 발아되지만, 파종 후 과습은 발아율을 낮추게 되므로 주의한다. 종자의 수명은 긴 편으로 3~5년 정도이나 저장 조건에 따라 다르다.

일반적으로 4월 정식을 위해서는 적어도 2월 초순에 파종을 해야 하는데 프러그육묘용 트레이(50~72공)에 원예용 상토를 넣고 각각의 셀당 종자 1립을 파종하고 상토나 버미큘라이트로 가볍게 복토 후 관수한다. 관수는 발아 후 일정한 간격으로 두상관수를 하며 본엽이 1개가 전개되면 온도 관리에 주의하고 변온 관리가 육묘 생장을 촉진한다. 육묘기간은 60~70일 정도에서 우량묘 생산이 가능하고 과습하면 습해를 받기 쉽고 건조하면 생육이 지연되므로 육묘 후반기에는 관수량과 횟수를 줄여 관리하며 이때 시설내 상대습도는 60~80%로 관리하면 병발생을 억제하고 광합성량을 증대시킬 수 있다. 육묘시 아스파라거스의 지상부 끝부분이나 엽상지에 황화현상이 일어나는 것은 상토의 양분 부족현상에 의한 것으로 양액 EC $1mscm^{-1}$로 두상관수하면 회복이 된다. 관수는 물의 온도를 20℃ 정도로 태양열로 데워 사용하는 것이 바람직하다. 육묘 후기에는 본밭 정식을 위한 묘의 경화작업이 필요한데, 이때 관수량을 약간 줄이고 충분한 광량을 유지해 주면 우량묘 생산이 가능하다.

그림 3-1 아스파라거스 종자 형태

02 영양기관의 발달

2.1 맹아의 타파와 순(스피어) 생장

아스파라거스는 전년도 입경 후 주로 엽상지에서 생성된 동화산물을 가을과 겨울초까지 뿌리 저장근에 축적하여 다음 해 봄에 그 양분을 이용하여 맹아한다. 봄 수확은 어린순의 길이가 22~26cm 정도 자랐을 때 수확한다. 온대 지역인 우리나라는 봄에 맹아 타파를 위한 저온 처리가 반드시 요구된다. 저온은 많은 온대 작물들의 휴면 타파를 촉진하는 환경적인 요인이며 아스파라거스 품종에 따라 필요한 저온의 범위는 다르지만 아스파라거스의 품종의 효과적인 휴면 타파 온도는 5℃이다.

아스파라거스 순생장은 아스파라거스의 수량을 결정하는 중요한 요인이다. 일정기간 동안 저온 처리하면 순생장이 촉진되는 품종이 있는 반면에 어떤 품종은 순생장에 영향을 미치지 않는다. 그러나 아스파라거스는 저온 조건하에서 일정한 저온 기간에 충분한 감응을 받지 않아 휴면 타파가 지연되거나 재배 온도가 낮은 조건하에서 재배되면 순생장이 현저하게 제한된다. 순의 출현이 지연되거나 생장률이 낮아지면 근권 클라스터 위의 눈(bud) 간에 상호 억제 작용으로 일정 수확기간 동안에 순생장에 부정적인 영향을 미치며, 수확기간뿐 아니라 입경수에 부정적인 영향을 미쳐 광합성에 제한적인 요인이 되어 이듬해의 생산량이 크게 감소한다.

그림 3-2 아스파라거스 맹아 타파와 순생장

2.2 지상부의 구조와 기능

아스파라거스 지상부는 약경, 줄기, 의엽(엽상지), 열매 등으로 구성되어 있다. 약경은 저장근에 축적된 양분에 의해 지하경의 인아군으로부터 순차적으로 신장한다. 입경 재배에서는 양분을 만들기 위해서 줄기를 수확하지 않고 그대로 신장시켜 측지를 발생시킨다. 측지로부터 발생하는 가는 잎처럼 보이는 것은 의엽 또는 엽상지라고 부르며 형태적으로는 변형된 줄기이다. 아스파라거스의 광합성은 주로 대부분 엽상지에서 일어나지만 측지나 줄기에서도 일어나는데 미미한 편이다. 광합성에 적합한 온도는 20±5℃ 조건에서 활발히 일어나고 광합성량에 따라 지하부의 뿌리의 저장근과 흡수근에 영향을 미친다.

줄기는 식물체의 기본 축으로 잎과 뿌리를 연결하는 관다발 통도 조직을 구성하고 있어 뿌리에서 흡수된 양분과 수분을 이동시키고 잎에서 생산한 동화물질을 줄기에 저장하거나 뿌리와 크라운 부분으로 운송하는 역할을 한다. 줄기가 자라면서 줄기의 선단부의 인편엽 사이의 곁눈이 생장하여 많은 분지가 형성된다. 줄기가 크면 1.5~2.5m에 달하고 그 수는 연령에 따라 다르다. 아스파라거스 줄기는 지상에서 신장하는 지상 줄기와 저장과 영양번식 기능을 하는 땅 속에 위치하는 지하경으로 구성되어 있으며, 지하경은 땅 속에서 거의 수평방향으로 서서히 신장하고 그 선단과 측부는 3~4개의 비늘눈을 갖고 있다. 비늘눈의 발달에 적당한 환경 조건이 되면 새로운 줄기가 자라게 된다. 이때 줄기의 선단부를 적심할 경우 지하경의 비늘눈의 발달이 촉진되는 것으로 알려져 정부우세현상이 관련된 것으로 추정된다.

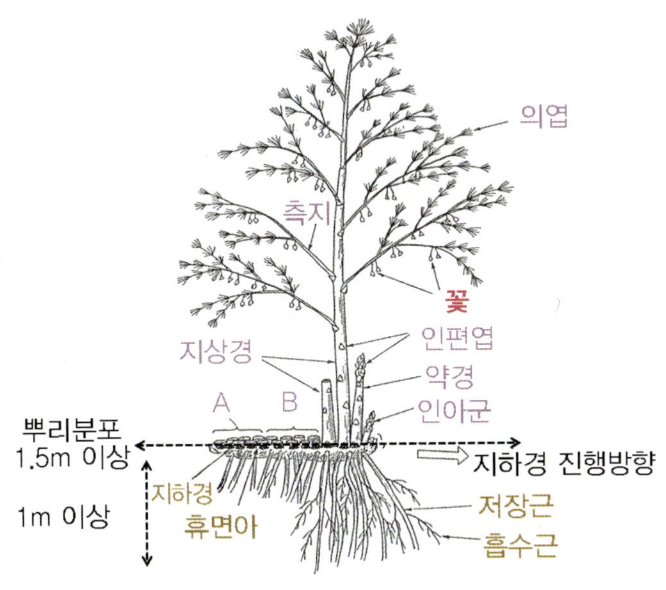

그림 3-3 아스파라거스 각 부분 명칭

2.3 지하부의 구조와 발달

지하부의 구조는 수평적인 줄기(rhizome), 저장근과 흡수근으로 구성되어 있다. 아스파라거스 종자가 발아 후 유근이 신장하여 주근을 만들고 이때 뿌리는 지하경으로부터 발생하여 약간 옆으로 뻗으며 다육질인 저장근과 실뿌리인 흡수근으로 구성되어 있다. 아스파라거스의 지하부 근계는 땅 속 10~15cm 깊이에 15~20%, 30~45cm 깊이에 60% 이상 분포되어 있어 지하수위가 100cm 정도는 되어야 습해를 입지 않는다. 일반적으로 지하부의 인아가 형성되어 비대해지면 그 하부에 양분을 저장하는 역할의 굵은 저장근이 발생한다. 저장근은 잎과 줄기에서 만든 동화 양분을 저장하는 기관의 역할을 한다. 아스파라거스가 생명력이 강하고 환경 스트레스에도 저항성이 높은 것은 다른 작물에 비해 저장근의 역할이 큰 것으로 추측된다. 흡수근은 저장근에서 발생하는 가는 뿌리로 양·수분을 흡수한다. 저장근이 절단되면 많은 흡수근이 재생되지만 저장근은 거의 재생되지 않는다. 저장근은 직경 4~6mm가 많고 수명은 몇 년간 생존하는 것으로 알려져 있으며 흡수근도 2년 이상 살아 있는 경우가 있다. 저장근에 저장된 동화산물의 함량이 이듬해 어린순의 발달과 생산성에 커다란 영향을 미치는 것으로 알려져 재배 농민들은 저장근이 썩거나 절단되지 않도록 관리하는 것이 매우 중요하다.

저장근의 발생은 규칙성이 있으며 한 개의 줄기당 4개의 저장근이 형성된다. 저장근은 인아의 크기에 상관없이 착생하지만 굵은 줄기에는 굵은 저장근이, 가는 줄기에는 가는 저장근이 형성된다. 저장근은 양분의 저장 탱크이며 수분이나 양분을 흡수하는 활동은 하지 않는다. 저장근의 표면 등으로부터는 양분 흡수를 위한 가는 흡수근이 출현한다. 지하경의 선단에 인아와 측아의 집합체인 인아군이 만들어진다. 지하경은 이 인아군을 만들면서 신장한다.

그림 3-4 아스파라거스 인아군(왼쪽 위), 지하경(왼쪽 아래), 근계 시스템(오른쪽)

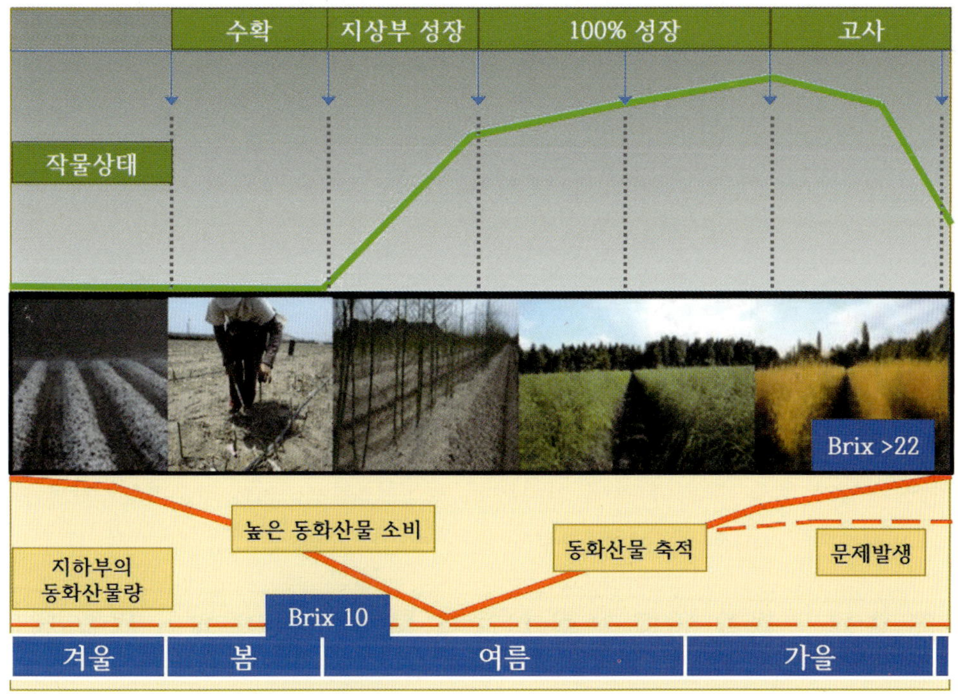

그림 3-5 아스파라거스의 계절별 지하부 동화산물량의 변화 패턴

2.4 지상부와 지하부의 관계

아스파라거스는 지상부와 지하부와 밀접한 관련이 있다. 아스파라거스 작물은 겨울 휴면단계에서 봄 수확 전 시기는 지하부의 탄수화물이 최대 상태로 유지되고 봄 수확이 시작되면 지하부의 탄수화물량이 급격히 소비되어 최소 지점에 도달하게 된다. 봄 수확을 지속적으로 계속하면 지하부에 있는 양분은 결국 모두 소모되고, 심하게 되면 동화 생산을 담당하는 것이 없어지게 되어 양분 부족에 의해 고사하게 된다. 그래서 적당한 시기에 봄 수확을 마치고, 동화 생산을 할 수 있는 줄기를 양성한다. 이것을 입경이라고 한다. 입경된 줄기에서 생성된 엽상지와 녹색 조직을 통해 광합성 작용으로 동화산물을 생성하여 지하부로 동화산물을 이동하여 저장근 뿌리에 양분으로 저장한다. 아스파라거스의 저장 양분은 대부분이 이눌린(Inulin)이며 약간의 사카로스(saccharose),

포도당(glucose), 과당(fructose) 등이다. 아스파라거스는 입경시부터 40~50일이 경과한 후에 새로운 맹아(여름부터 가을 수확)가 출현되고 수확이 다시 시작된다. 이것은 양분이 쌓이면 맹아하는 아스파라거스만이 가지는 생육 특성이다. 여름 가을 수확 시스템은 mother fern harvesting이라고 부르며 주로 아시아 지역(일본, 중국, 한국)에서 이용되고 있다. 이때 여름 가을 수확기에 지상부를 120~130cm 높이에서 적심을 하면 정부우세현상으로 인해 새로운 맹아의 발생을 촉진시킨다는 보고가 있다.

장기 수확 재배에 있어서 중요한 포인트 중 하나는 봄 수확을 언제 마치는지에 따른 입경 시기 조절이 매우 중요하다. 아스파라거스 재배 초보자들이 특히 실패하기 쉬운 것은 여기에 있다. 즉, 입경 시기를 놓쳐 과도하게 봄 수확할 경우 장기 수확에 악 영향을 미친다. 보통 2년차에 2~3주, 3년차에 4주 정도, 5년차 이후에는 6~8주 정도 수확을 하지만 지하경의 동화산물량에 따라서 커다란 차이가 있다. 봄철 수확량이나 줄기의 크기에 영향을 미치는 요인인 전년도의 저장근에 저장된 동화산물량의 많고 적음에 따라 봄 수확 중단 시기를 조절해야 한다. 특히, 봄 기상에 의해서도 수확 개시 시기나 수확 중단 시기가 변해야 하기 때문에 매년 같은 시기에 봄 수확 중단 시기를 달리 해야 한다. 오히려 매년 입경 시기를 달리하는 것이 일반적이라고 생각하고 재배에 임해야 하며 품종이나 묘령(정식 후 경과된 햇수), 작형에 따라서도 달리 해야 한다.

03 자웅이주 및 휴면

아스파라거스는 생육적으로 자웅이주의 특성을 지닌 식물이다. 자웅이주는 암꽃과 수꽃이 서로 각기 다른 나무에서 피는 것을 뜻한다. 암그루는 오직 암꽃만 있고 이 식물은 열매를 생산한다. 열매는 암그루의 건물중은 25%을 차지한다. 상업적 생산에서 수그루는 암그루보다 수확량이 많으며 재배 포장에서 수명이 더 길다. 암그루의 낮은 수확량은 열매와 종자 생산의 원인이 되고 있다. 수그루는 암그루보다 더 큰 근계(root system)를 가지고 있으며 동화산물을 더 많이 저장하고 암그루에 비해 맹아를 더 많이 생산한다.

암그루는 초장이 길고 줄기 수가 적으며, 줄기의 직경이 굵은 반면 수그루는 초장이 짧고 줄기 수가 많으며 잎이 밀생한다. 정식 후 식물체의 생장도 수그루가 빠르며 수량도 20~30% 증가하는데 수량의 차이는 수확 초기에 더 크다. 따라서 수그루를 선별하여 심는 것이 재배상 유리하다. 하지만 봄에 파종할 경우 당년도에 약 20% 가량 개화하고, 2년차에 100% 개화하기 때문에 선별작업이 매우 어렵다. 최근 우량 수그루를 조직배양으로 대량 증식하거나 전부 수그루만 나오는 전웅 품종이 개발되어 재배되고 있다.

그림 3-6 아스파라거스는 암수 딴그루(자웅이주) 식물

식물의 휴면은 아스파라거스 식물의 극한 환경 조건(고온, 가뭄 및 저온 스트레스)에 적응할 수 있도록 하는 것이다. 아스파라거스의 휴면 생리를 파악하는 것은 수확량에 영향을 미치기 때문에 중요하다. 아스파라거스 포기는 10월부터 12월에 걸쳐서 휴면에 들어가는데, 12월 중순경에 가장 깊은 휴면에 들어가며 1월부터 타파된다. 남부지방에서는 1월 중순경에 대부분 타파되지만, 중부지방이나 고랭지 지역은 더 늦게 타파된다. 또한 근주의 연수가 많을수록 늦게 타파된다. 그러나 아스파라거스의 휴면은 얕은 편이어서 지온을 5℃ 이상 일정기간 유지시켜 주면 움이 튼다.

04 아스파라거스 생육단계

아스파라거스의 생육단계는 크게 4가지로 나누어진다. 첫째, 맹아기(3~5월) 때는 저장해 둔 양분을 이용하여 맹아 타파가 시작하고 10℃ 온도에서 본격적으로 맹아 타파 후 순생장을 시작한다. 둘째, 양분 축적기 또는 주 양성시기(6~8월)는 아스파라거스가 지상부 생장을 전개하는 시기이다. 이 시기에는 어린순이 신장하고 지상부의 경엽이 적은 20~30℃ 하에 신장하며 광합성 작용을 활발히 한다. 맹아기에 비해서 맹아 속도는 느리나 맹아 신장이 계속해서 신장하고 저장근도 형성된다. 동화 양분은 지상부 경엽에 저장하여 지상부 생육에 이용하며 지하부에는 저장근 당도가 낮기 때문에 양분이 저장되지 않는다. 그리고 입경재배(줄기세움)를 통해 여름부터 가을까지 수확한다. 셋째, 양분 이동기(9~11월) 시기에는 저장근 탄수화물 당도가 급격히 증가함으로써 지상부 양분이 뿌리로 이동하게 된다. 이러한 양분 이동기는 지상부 잎 황화 전까지의 단계이며, 마지막으로 넷째는 휴면기이다. 휴면기는 양분 전류 종료기부터 이듬해 봄 맹아시까지의 기간이며 모종 년수에 따라 차이가 있다.

맹아기 (3~5월)	양분 축적기, 주양성 (3~5월)	양분 이동기 (9~11월)	휴면기

-저장양분 이용 -맹아 시작: 5℃ -본격적 맹아 시작 (10℃ 이상)	-어린순 신장, 전개 -광합성 작용(지상부 경엽) -맹아기보다 맹아 속도는 느리나 맹아 신장 계속, 저장근도 생성(기온 20℃ 이하시 까지, 10~11월경 맹아 신장 정지) -입경재배(여름~가을 수확) -동화 양분은 지상부 생육에 이용(지상부 경엽에 저장) -지하부에는 축적이 안 됨 (저장근 당도 낮음) -경엽신장 적온(10~30℃) -광합성 적온(15~20℃) -어린순 품질저하(25℃ 이상) -어린순 생육한계(5~38℃)	-지상부 양분이 뿌리로 이동(저장근 당도 급격히 증가) -지상부 잎 황화 전까지 -지상부 황화(고랭지: 10월 하순, 난지: 12월) -지상부 완전 황화 후 제거	-휴면(10~15℃ 이하 유도): 0~5℃ 이하 저온, 1,000hr (양분전류 종료기~이듬해 봄 맹아시까지) -휴면: 모종 년수에 따라 차이 1년생: 350hr 2년생: 500hr
			-굴취 촉성재배 -하우스 반촉성재배 -열대/아열대 지역 휴면 없음
봄수확	입경재배(여름~가을 수확)		

그림 3-7 아스파라거스 생육단계

참고문헌

Lee JH, Bae JH, Ku YG. 2013. Effect of two male cultivars of asparagus with low temperature treatment on bud breaking and spear growth. Kor. J. Hort. Sci. Technol. 31(2):141-145.

元木 悟, 井上勝広, 前田智雄. 2008. アスパラガスの 高品質多収技術. 農文協.

제 4 장 재배기술

01 생육 특성에 따른 재배기술

1.1 아스파라거스의 연간 생육단계

아스파라거스의 1년의 생육은 동화산물의 축적, 전류, 소비의 단계로 이루어지므로 동화산물을 얼마나 저장근에 축적시켜 효율적으로 사용하게 하느냐에 따라 수확량이 결정된다. 연간 생육과 양분(동화산물)의 동태는 양분 전류기, 휴면기, 맹아기, 양분 축적기의 4단계로 나누어진다. 가을의 양분 전류기는 지상부의 경엽에 축적된 동화산물이 저장근에 일시에 전류되는 시기로 저장근의 당도(Brix 함량)도 전류와 함께 급속히 상승한다. 경엽이 완전히 황화되어 고사하기 전까지는 지상부를 제거하지 않는 것이 증수의 포인트이다. 저장근에 양분의 전류가 끝나는 시점부터 이듬해 봄 맹아까지의 시기가 휴면기이다. 저장양분이 저장근에 축적된 상태로 있다가 봄이 되어 기온이 상승하게 되면서 순차적으로 약경이 맹아하게 된다. 봄에 나오는 약경의 본수와 굵기는 전년도 저장양분의 다소에 의해 결정되기 때문에 양분 부족이 되지 않도록 적당한 시기에 봄 수확을 끝내고 광합성을 담당하는 친경을 양성할 필요가 있는데 이것을 입경시킨다고 하고, 친경을 세우는 작업을 입경 작업이라 한다. 입경 후 맹아한 약경을 신장·전개시켜 광합성을 통해 양분을 저장근에 축적하는 생육 단계가 양분 축적기이다.

그림 4-1 아스파라거스 생육단계

1.2 주년 생산과 생육 특성

(1) 약한 휴면성

아열대지역에서는 저온에 의한 맹아의 휴지기가 없이 주년생산이 가능하지만 사계절이 뚜렷한 우리나라에서는 겨울철 저온에 의해 맹아가 정지한다. 때문에 겨울철 저온기간이 긴 강원도의 고랭지 지역에서는 온난지 지역보다 재배기간이 한정된다. 아스파라거스는 온도에 의한 생육정지 기간은 있지만, 생리적 휴면은 거의 없는 작물이다. 다만, 촉성재배(1년간 양성한 주를 굴취하여 전열온상에 밀식하여 치상하고 맹아를 저온기에 수확하는 방식)를 위해 주를 굴취하는 시기에 따라 맹아성에 차이가 있는 것으로 보아 약한 휴면현상이 있는 것으로 인식되고 있다. 이러한 휴면을 타파시키기 위해서는 벤질아데닌이나 에틸렌 같은 호르몬 처리 효과가 일부 보고되어 있으나, 저온처리가 경제적 측면이나 효율성 측면에서 가장 효과적이다. 휴면 타파를 위한 저온(0~5℃) 요구도는 품종에 따라 다르나, 주요 품종인 '웰캄'과 '바이톨'은 약 350시간, '그린타워'는 500시간 정도이다.

(2) 약경의 맹아 활성

아스파라거스는 약경을 수확해 가면서 입경수를 제한하거나, 적심이나 적엽

(아랫 가지 제거) 등 정지·전정(지상부의 경엽을 정리) 작업을 통해 맹아가 촉진되어 수량이 증가된다. 맹아 활성을 안정적으로 유지하기 위해서는 동화산물을 충분히 축적시킴과 동시에 연중 생육단계에 따라 경엽과 저장근에 적절하게 분배되도록 하는 전략이 필요하다. 입경수가 너무 많으면 약경의 맹아 활성이 저하되고 인아의 형성도 완만하게 된다. 봄에만 수확하는 보통 재배에서 수확 후에 경엽을 정리하지 않고 방임한 상태로 재배하게 되면 입경(너무 많은 입경이 되어)을 위해 많은 양분을 소모하게 되고, 이로 인해 약경뿐만 아니라 측아의 맹아 활성도 정체되며 새로운 생장점의 분화도 억제된다. 한편, 봄에서 가을까지 맹아를 수확하는 장기재배에서는 수확하면서 양성주를 관리하기 때문에 동화산물이 저장근과 경엽에 적절히 분배되어 맹아 활성이 높게 되고 양분 축적과 효율적인 양분 소비가 이루어진다.

그림 4-2 적심 및 적엽 모습

그림 4-3 정지작업 전후

1.3 아스파라거스 재배 환경 특성

(1) 광과 온도

아스파라거스는 몇 가지 지침만 따르면 비교적 쉽게 재배할 수 있다. 적정 광도는 27,000~48,600Lux 범위이다. 좀 더 낮은 광에서도 견디지만 생장이 느리다. 세타세우스(*A. setaceus*) 종은 다른 종에 비해서 좀 더 어두운 광도에서 자라므로 80% 정도 차광하거나 21,500~27,000Lux로 재배한다. 보통 온도가 13℃ 이하로 내려가면 성장이 둔해지지만 온도가 7.5℃ 이하로 떨어질 때까지 피해는 일어나지 않는다.

- 여름철 고온 대책 - 살수, 환기, 차광

20±5℃가 광합성 적온인 아스파라거스는 여름철 고온은 생육에 부적합한 것은 물론, 무성해진 경엽으로 인한 환기 불량, 일소 현상, 다습조건으로 병 발생과 이상경 증가 등 생리장해도 심해지는 시기이다. 고온이 계속되면 아스파라거스의 인아가 일시적으로 휴면상태가 되어 맹아도 적어진다. 따라서 다수확을 담보하기 위해서는 생장에 밀접한 관련이 있는 인아군의 온도를 낮게 유지하는 것이 필요하다. 여름철 고온 대책으로서 살수, 환기, 차광 등이 효과적이다.

(2) 토양 관리

① 토양 관리와 시비

경도가 높은 토양에서는 뿌리의 생장과 물의 이동이 저해되어 작물의 생육이 불량해 진다. 입단이 잘 형성된 토양에서는 뿌리가 깊게 뻗어 고수확이 기대된다. 아스파라거스의 토양경도 개량은 20mm 이하를 목표로 해서 장기적으로 근력을 확보하도록 토양 관리를 하는 것이 중요하다.

생산력이 높은 아스파라거스를 양성하기 위해서는 생장점의 분화를 촉진시켜 근군을 광범위하게 확대시켜야 한다. 아스파라거스는 매년 생육이 진전됨에 따라 근역이 확대되기 때문에 다른 작물에 비해 통로 측의 토양 조성이 중요하다. 따라서 재배 중에도 중경이나 유기물 시용 등을 통해 근역의 토양 환경

표 4-1 토양의 경도에 따른 아스파라거스 뿌리 신장

토양 경도(mm)	토양 상태와 뿌리의 신장
10 이하	엄지손가락이 자유롭게 들어가는 정도의 토양으로 건조의 위험이 큼
10~15	힘을 가하면 엄지손가락 전체가 들어가는 정도의 토양이 재배에 적합
15~22	힘을 세게 주어야 엄지손가락의 절반이 들어가는 정도의 토양으로, 약간 단단하지만 뿌리는 신장함
22~25	힘을 세게 주어도 엄지손가락이 들어가지 않는 정도의 토양으로 뿌리가 침투되나 생육이 불량함.
25 이상	뿌리가 신장하기 어려움

을 개선할 필요가 있다. 토양 중의 인아군 및 지하경의 위치는 10~15cm 정도가 적당하다. 인아군이 이보다 높으면 건조, 냉해 및 토양표층균의 병해 발생으로 인해 곡경의 발생률이 높아진다. 하지만 이보다 낮으면 지하부의 약경의 손실이 많아서 수확량이 적어지고 맹아의 회전율도 둔화된다.

지하경은 거의 수평으로 생장하지만 지하부의 깊이에 따라 상향 및 하향을 생장하기도 한다.

지하부의 깊이가 낮으면 하향으로 생장하고 높으면 상향으로 생장하다(그림 4-4).

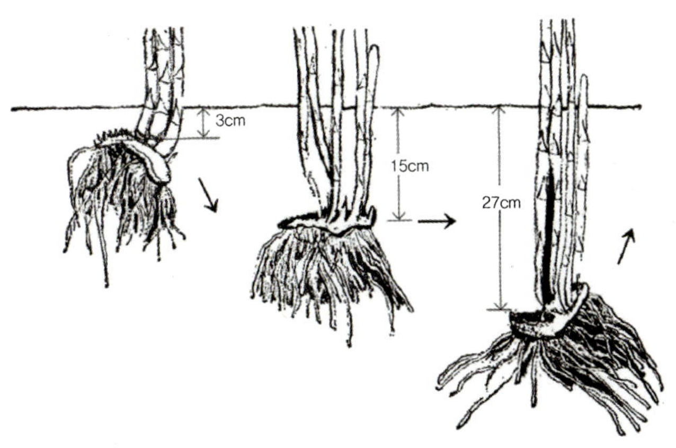

그림 4-4 복토 깊이와 아스파라거스 생육

아스파라거스의 뿌리는 종방향뿐만 아니라 수평 방향으로도 신장한다. 저장근은 길이가 40~50cm, 깊이 30cm 정도에 집중 분포하고, 인아의 갱신과 함께 뿌리의 갱신도 진행되므로 생장과 함께 근역이 급속이 확대된다. 이러한 이유로 장기적으로는 종방향과 횡방향으로 근역이 확대될 수 있도록 토양 물리성 개선에 힘써야 한다. 정식 전의 충분한 심경 및 유기물 투여뿐만 아니라 재배 중에도 주기적인 유기물의 시비를 통해 토양의 보수성과 배수성을 개선해 줄 필요가 있다. 아스파라거스는 토양 적응성이 넓은 작물이지만 수량성을 높이기 위해서는 양질의 인아와 저장근의 형성이 중요하므로 좋은 토양 환경을 만드는 것이 필수적이다.

토양 개량의 요점은 다음과 같다.

- 사질 토양: 토양 양분이 결핍되기 쉬우므로 석회질 및 인산질의 토양 개량제를 충분히 시용하고 비료는 20%정도 추가하여 보충한다. 보수력이 약하기 때문에 유기질을 다량으로 시효하여야 한다. 작토층이 낮기 때문에 필히 심경을 하고 근역을 확보한다.
- 점질 토양: 하층은 토양 양분이 적기 때문에 심경시 석회질 자재를 충분히 시용한다. 유기물을 시용해서 토양의 완충 능력을 높임과 동시에 심경과 심토 파쇄를 통해 토양의 물리성을 개선한다.

아스파라거스의 최적 pH는 5.8 ~6.7로 산성 토양에 약하다. 산성 토양을 교정하기 위해서는 탄산칼슘이나 수산화칼슘(소석회)을 한 번에 다량 시용해도 pH는 높아지지 않는다. 석회질 자제의 1회 시용량은 10a당 300kg을 한도로 해서 서서히 pH를 높여야 한다. 토양 진단결과 강산성으로 빨리 개량해야 할 필요성이 있을 경우 생석회를, 강산성이면서 마그네슘이 결핍되었을 경우에는 고토소석회를, 강한성이면서 장기적으로 개량할 필요성이 있을 경우는 탄산칼슘을, 강산성은 아니지만 장기적으로 개량하고 마그네슘을 보완할 필요성이 있을 때는 고토석회를 시용한다.

③ 시비

아스파라거스는 다비성 작물로 타작물에 비해 비료 요구량이 많다. 특히, 다년생이기 때문에 퇴비는 정식 전에 충분히 시용하여야만 장기적으로 높은 수량을 기대할 수 있다. 정식 후에는 해마다 생육 정도를 고려해 시비량을 차츰 늘려야 하며, 시비 시기는 이른 봄 맹아 전에 전체 시비량의 50% 정도를 기비로 주고, 봄 수확 종료 후 입경 전에 30%를 시비하며, 입경 후 나머지 20%를 시비한다.

표 4-2 아스파라거스 시비(예)

비종	1년		2년		3년		4년 이후		비고
	봄	여름	봄	여름	봄	여름	봄	여름	
퇴비(톤)	4~6	–	4~	–	4~	–	4~	–	토양 비옥도에 따라 30% 증감, 완숙 퇴비는 많을수록 양호
요소(kg)	16	10	20	10	20	25	44	22	
용성인비	40	–	55		75	–	100	–	
염화가리	15	5	15	10	20	15	30	20	
고토, 석회	100	–	100	–	100	–	100	–	
붕사	2	–	2	–	2	–	2	–	
N	12		15		20		30~40		성분량
P	8		11		15		20~30		
K	10		13		18		25~35		
시비 시기	정식 전	8월	2~3월	7~8월	2~3월	7~8월	2~3월	7~8월	
년차별 수확기간(일)	0		0~7		14~20		30~40		(5년 이후) 55~65

(4) 관수

아스파라거스의 약경은 수분을 93% 정도 함유하고 있다. 경엽으로부터의 증산량과 약경과 지하부의 성장에 필요한 수분량 등을 고려하면 아스파라거스는 매우 많은 수분을 요구하는 작물이다. 수분이 부족해지면 인아는 일시적으로 휴면상태가 되어 맹아수가 감소한다. 이러한 상태에서는 적정한 시비가 이루어져도 다수확은 기대할 수 없다. 특히, 여름과 가을에 초세를 유지하여 수량을 확보하기 위해서는 시비보다도 관수에 신경을 써야 한다. 이 시기의 관수가 증수의 열쇠가 된다. 여름 포장에서 각 개체 간의 생장이 균일하게 자라게 하기 위해서는 적은 양을 자주(소량 다횟수) 관수해야 한다. 이를 위해 이랑의 튜브 관수와 병행하여 고랑 관수를 조합하여 관수하는 것이 효과적이다. 수확 종료 후, 맹아가 끝났어도 관수량을 줄여서 관수를 계속하는 것이 이듬해 봄에 주 활력의 근본이 되는 인아 형성과 저장 양분의 증가에 효과가 있다. 그러나 토질에 따라 관수량을 조절하여 과습에 주의해야 한다.

또, 여름과 가을의 수확 기간에 부숙 퇴비나 왕겨, 볏짚 등 유기물로 이랑 표면을 덮으면 건조를 방지하여 수확량 증가로 이어진다.

그림 4-5 노지재배에서 이랑 관수와 시설내 점적 관수 모습

02 아스파라거스 작형

2.1 작형

아스파라거스는 그린(Green) 재배와 화이트(White) 재배로 나눌 수 있는데, 세계적인 추세나 국내 소비의 대부분은 그린 재배이다. 작형은 크게 노지재배, 반촉성재배, 촉성재배로 구분하는데 최근에는 재배기술의 발달로 다양하게 작형이 분화되어 있다(그림 4-6). 화이트 재배는 그린 재배에 준하는데, 재식 거리를 넓게 하고, 움이 트기 전에 배토하여 어린순을 연백시키는 점이 다르며 노동력이 많이 소요된다.

그림 4-6 노지재배(왼쪽), 비가림 시설재배(가운데), 촉성재배(오른쪽)

(1) 그린 아스파라거스의 작형

아스파라거스는 다년생 숙근성 작물로 생리·생태적 특성이 대부분의 채소작물과 다르기 때문에 독특한 재배법이 확립된 작물이다. 일반적으로 정식 2년째부터 수확이 가능하나, 안정적으로 수확량이 확보되는 시기는 정식 후 4~5년부터이다. 그러나 한번 심어 놓으면 10~15년은 수확할 수 있어, 재배가 비교적 용이한 작물이다.

그린 아스파라거스의 작형은 크게 조숙재배, 반촉성재배, 촉성재배, 억제재배, 노지재배로 구분한다. 노지재배는 경고병의 피해가 심하여 재배가 어려우며, 기후가 서늘한 고랭지에서는 재배가 가능하다. 최근 중부지방의 대부분은 비가림 조숙재배 작형으로 5년생 기준 4월 20일경에 봄 수확을 시작하여 약 60일간 연속적으로 수확할 수 있으며, 6월 20일경에 입경을 하여 7월 하순부터 9월 상순까지 여름 수확을 한다.

표 4-3 아스파라거스 작형

작형 (5년생 기준)	1월			2월			3월			4월			5월			6월			7월			8월			9월			10월			11월			12월		
노지재배 (중부지방)	▽	▽	▽	▽	▽	▽	▽	▽	▽	▽	▽	◉	◉	◉	◉	◉	◉	▲	▲	▲	◉	◉	◉	◉	□	□	□	□	□	□	□	▽	▽	▽	▽	▽
비가림 시설 조숙재배	▽	▽	▽	▽	▽	▽	▽	▽	▽	▽	◉	◉	◉	◉	◉	◉	◉	▲	▲	▲	◉	◉	◉	◉	◉	□	□	□	□	□	□	□	□	▽	▽	▽
반촉성재배	▽	▽	▽	◉	◉	◉	◉	◉	◉	▲	▲	▲	◉	◉	◉	◉	◉	◉	◉	◉	◉	◉	◉	◉	◉	□	□	□	□	□	□	□	□	▽	▽	▽
촉성재배	◉	◉	◉	◉	□	□	□	□	□	□	□	□	□	□	□	□	□	□	□	□	□	□	□	□	□	□	□	□	□	□	□	▽	▽	◉	◉	◉
억제재배	▽	▽	▽	▽	▽	▽	▽	▽	▽	▽	◉	◉	◉	◉	◉	▲	▲	▲	◉	◉	◉	◉	◉	◉	◉	◉	◉	◉	◉	□	□	□	□	▽	▽	▽

◉ 수확, ▲ 입경, □ 주양상, ▽ 휴면

① 노지재배

노지재배는 노지의 자연생육 사이클을 이용한 기본 작형으로 평균기온이 10°C 이상이 되면 수확하는데, 5~6월에 집중하여 수확한다. 어린순은 수확 초기에 동해를 받기 쉬우며, 수확 후기에는 기온이 상승하므로 주의한다. 노지재배의 경우 온난한 지역보다는 고랭지 등 서늘한 지역이 적합하다.

② 반촉성재배(터널재배)

봄에 하우스나 터널 피복으로 지온과 기온을 높여 움이 트는 것을 촉진시키는 작형으로 노지보다 2~3개월 일찍 수확할 수 있다. 무가온재배가 이루어지므로 추운 곳에서는 움을 튼 어린순이 어는 피해가 발생할 우려가 있다. 초기수량이 적으므로 비교적 따뜻한 곳이 적지이다. 또한 수확기간이 길게 되는데 일찍 수확을 마칠 필요가 있다. 포기를 캐지 않을 경우 동일한 포장에서 해마다 수확이 가능하며, 1년은 노지재배, 1년은 반촉성재배로 번갈아 가꿀 수 있다.

그림 4-7 노지터널재배(왼쪽), 반촉성재배(오른쪽)

보온은 평균 기온이 영하 2~0°C일 때 시작하고, 하우스 바깥 기온이 영하 5°C 이하가 되면 어는 피해가 발생할 위험이 있으므로 주의한다. 또한 바깥 기온이 15~20°C가 되면 환기를 해준다. 또한 토양이 건조해지는 것을 방지하기 위해 주기적으로 관수를 실시한다. 관수 요령은 가급적 한꺼번에 많은 양의 물을 주되 횟수를 줄이는 것이 좋다. 하우스나 터널재배에서의 온도관리는 움이 트기 전 28°C, 움이 틀 때 25°C, 수확기에는 20~25°C 정도로 관리한다. 남부 지방에서 아스파라거스 무가온 조숙재배의 터널 피복 적기는 수량면에서 2월 상순경이 유리하다.

표 4-4 보온시기와 수확기 및 수량과의 관계(1995. 원예연)

피복 시기	출아일 (월,일)	첫 수확일 (월,일)	수확 촉진일 (일)	상품 수량(kg/10a)			평균 수량 (kg/10a)	지수
				정식 2년차	정식 3년차	정식 4년차		
1/20	3/4	3/14	37	368	878	691	645	233
2/5	3/6	3/17	34	390	694	922	668	241
2/25	3/17	3/29	23	489	329	473	430	155
3/25	3/27	4/10	11	177	260	356	264	95
무피복	4/11	4/20	0	76	413	341	277	100

*품종: 엑셀, 재식 거리 150×30cm

③ 촉성재배

촉성재배는 밭에서 2~3년간 키운 포기를 가을에 캐 하우스 내에 밀식하여 가온재배하는 것이다. 가온은 일반적으로 12월 이후부터 시작한다. 이때 시설 내 기온을 최저 5°C 이상, 최고 25°C 정도, 온상온도를 15~20°C로 유지해준다. 정식한지 35~40일째부터 수확이 가능하고 12월부터 4월까지 생산할 수가 있다. 관수는 복토한 표면이 마르지 않을 정도로 3~5일 간격으로 실시한다. 재배 시 모종은 2~3년생을 사용하는 것이 좋다. 육묘할 때는 이랑 너비를 60~90cm로 해서 1년생 모종을 15~30cm 간격으로 심고 2년간 충분히 기른다. 촉성재배는 다른 작형에 비해 수확 시기가 빠르므로 높은 가격의 판매가 가능하지만 한 번 사용한 모종은 버려야 하므로 해마다 모종을 양성해야 한다는 어려움이 있다.

그림 4-8 촉성재배 작업 과정

표 4-5 보온 시기에 의한 촉성재배 수량(1996. 원예연)

보온 시기 (월,일)	저온량 (시간)	출아일 (월,일)	첫 수확일 (월,일)	평균순중 (g/개)	상품율 (%)	상품수량 (kg/10a)
11/24	250	12/23	12/30	12.4	87.8	1,950
12/9	500	12/30	1/08	12.0	87.4	1,690
12/20	1,750	1/16	1/30	12.4	89.9	1,530
12/30	1,000	2/2	2/14	12.8	93.0	1,410
1/10	1,250	2/6	2/17	11.8	91.1	1,350

*품종: 엑셀 3년생 묘 이용, 정식: 1995. 11. 16, 재식 거리: 20×20cm

④ 반촉성 장기재배

노지재배나 반촉성재배의 봄 수확이 끝난 다음 줄기를 키우면서 8~10월에 나오는 순을 수확하는 작형이다. 봄과 가을에 수확하거나 봄에 수확하지 않고 여름·가을에만 수확하기도 한다. 주 양성 중의 수확은 저장 양분을 소모시키게 되므로 이듬해 수량이 감소된다. 따라서 봄 수확 기간을 15~20일 정도 짧게 하고, 30~45일 정도 입경을 충분히 시키고, 1주당 4~6개의 건전한 줄기를 확보(입경)한 후에 수확을 실시한다. 억제재배 시에는 포기의 생육상태와 수확에 의한 양분 소비와의 균형이 맞지 않으면 생산이 불안정하고 결주가 많이 생기므로 유의해야 한다. 특히, 추운 곳에서는 따뜻한 지역보다 생육기간이 짧으므로 억제재배가 어렵다.

그림 4-9 장기재배에 의한 여름 수확 모습

(2) 화이트 아스파라거스 작형

화이트 아스파라거스는 움이 트기 전에 흙을 배토하거나 차광막을 덮어 어린순을 연백시켜 재배한다. 재배와 수확 시 노동력이 많이 들어 재배 면적이 증가하지 못하고 있지만, 그린 아스파라거스에 비해 단가가 높아 생력재배가 가능하다면 틈새 소득작물로 부각될 가능성이 높다.

03 아스파라거스 재배기술

3.1 그린 아스파라거스 재배기술

(1) 파종 및 육묘

- 1년생 묘 이용: 파종상이나 육묘상자에서 파종 · 생육시킨 모종을 포장에서 1년간 육묘하는 방법으로 모종이 크고, 정식 후의 생육도 안정된다. 파종상자 등에 무병상토를 이용하여 5cm 간격으로 줄뿌림한다. 종자 발아에 시간이 걸리므로 종자는 미리 침종시켜 파종한다. 파종 후 충분히 관수하고 하우스 내 온도는 20~25°C로 관리한다. 50~60일 육묘하면 줄기 수 3~4개, 뿌리 수 5~6개의 모종이 된다. 노지 육묘 포장은 10a당 퇴비 2톤, 질소 15~20kg을 시용하고 경운한 후 90~120cm의 이랑을 만들고, 흑색 멀칭을 한다. 조간 45cm, 주간 15cm의 2조식으로 심는다. 노지 육묘 포장은 모종을 캘 때 뿌리의 절단이 적도록 배수가 양호한 사질양토를 선정한다.
- 포트 육묘: 온상을 이용하여 12~3월에 파종·육묘하고 포트에 옮겨 생육시킨 후 본포장에 정식한다. 모종의 크기는 1년생 모종보다는 작으나 정식 후의 생육이 왕성하다. 1년생 모종과 마찬가지로 파종 · 육묘한 모종을 40~50일 후에 9~12cm 흑색 비닐포트에 옮겨 65~80일간 생육시키면 줄기 수 5~6개의 모종이 되는데 이때 정식한다.

그림 4-10 플러그트레이 파종(왼쪽), 폿트육묘(가운데), 육묘상 육묘(오른쪽)

- 플러그트레이 육묘: 일반 엽채류와 마찬가지로 플러그트레이에 육묘상토를 이용해서 파종 · 육묘한다. 균일한 모종을 생산할 수 있으나 모종 크기가 포트 모종보다 작고, 저장근이 직근으로 가는 뿌리가 적으며, 상토가 적어 노화묘가 되기 쉽다. 셀 크기는 72공 정도로 큰 것을 이용하도록 하며 발아 후에는 액비 등을 시용한다. 파종 후 60~75일이면 줄기 수 4~5개, 뿌리 수 7~8개의 모종이 되는데 이때 정식한다. 파종량은 예비묘와 솎음모종을 고려하여 재식본 수의 2~3배 정도 필요한데 수그루만을 이용할 경우에는 다시 2배의 종자가 더 필요하다.
- 포기나누기 육묘: 2~3년된 포기에서 2~6개의 눈을 붙여 나누어 심는 방법이 있다. 일찍 수확할 수 있지만 일시에 많이 증식시킬 수 없으며, 정식 후의 생육이 좋지 않다. 또한 수량이 적고 포기가 쇠퇴하기 쉽다.

(2) 정식

아스파라거스의 경우 한번 정식하면 장기재배가 되므로 포장 선정은 매우 중요하다. 또한 정식 후의 토양 개량이 어려우므로 정식 전에 반드시 토양 진단을 실시하여, pH 교정, 인산 · 유기물 시용 등을 하는데 심는 이랑을 중심으로 토양 개량을 한다. 또한 뿌리가 깊게 뻗는 것을 고려하여 하층까지 충분히 실시한다. 정식 포장은 비옥하고, 경토가 깊고, 배수 · 보수 · 통기성이 풍부한 토양을 선정하고, 유효토 깊이 40cm 이상, 지하수위 50cm 이하, pH 6.0~6.5, EC(1:5) 0.2~0.6mS/cm를 목표로 토양 개량을 한다. 재식 거리는 이랑 너비 120~180cm, 주간 30~50cm가 표준이나 시설재배에서는 터널 피복이나 작업성 등을 고려하여 이랑 너비를 조절한다. 이랑은 남북방향이 햇볕 쪼임에 좋다.

재식밀도는 10a당 1,900~2,300주가 적합하며, 밀식을 할 경우 초기 수량은 높으나 장기간 재배 시 통풍이 불량하여 병 발생이 많아질 우려가 있으므로 주의해야 한다. 이랑 너비 120~180cm, 주간 30~50cm가 표준이나 시설재배에서는 작업성을 고려하여 이랑 너비를 조절한다.

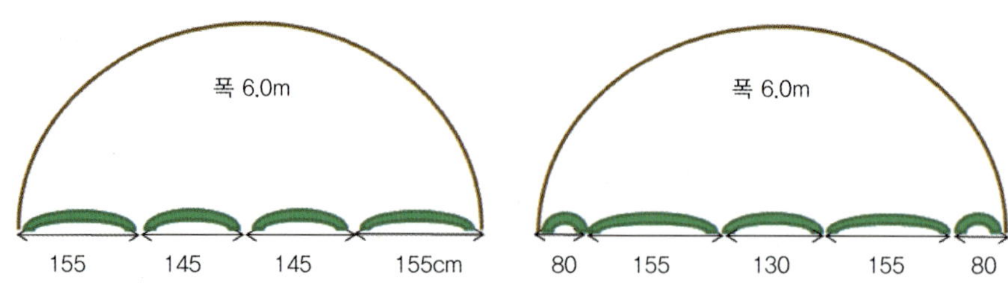

그림 4-11 재식 간격(4열 재배) (왼쪽), 재식 간격(3열 재배) (오른쪽)

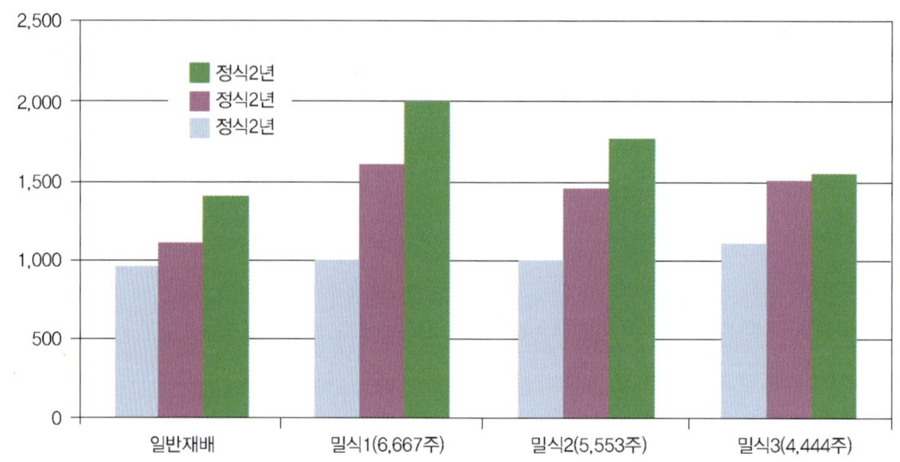

그림 4-12 아스파라거스 밀식재배에 따른 수량성

표 4-6 재식밀도와 육묘 면적, 소요 종자량(정식 포장 10a당)

본포 재식 거리(cm)	재식본 수	육묘본 수	종자 소요량(mL)	육묘 면적(m^2)
120×20	4,166	6,250	360	281
120×30	2,777	4,200	240	189
120×40	2,083	3,150	180	142
150×20	3,333	5,000	290	225
150×30	2,222	3,350	190	151
150×40	1,666	2,500	140	113

*육묘본 수: 재식본 수의 1.5, 육묘 거리: 45~60×10cm

정식시기는 늦가을 경엽이 고사되고 나서 또는 이듬해 3월 하순~4월 상순경 새순이 나오기 전이 모종을 캐고 정식하는 시기가 된다. 가을 정식은 새로운 뿌리의 발생이 적고 동해의 우려가 있으므로 일반적으로 봄 정식이 활착에 좋다. 그러나 따뜻한 곳에서는 10월 하순~11월 상순경 지상부가 죽은 직후에 심기도 한다. 모종을 캘 때는 정성스럽게 하여 뿌리가 잘리지 않도록 한다. 심는 깊이는 15~20cm로 하고, 이랑 중앙을 약간 높여 비늘 눈을 중심으로 뿌리를 좌우로 펼쳐 심으며 복토는 10~12cm 정도한다. 아스파라거스 크라운 부위는 복토를 해줘야 할 필요가 있으므로 정식 이랑은 높게 만들지 말고 가능한 평이랑으로 만들어 심는 것이 재배관리에 편리하다.

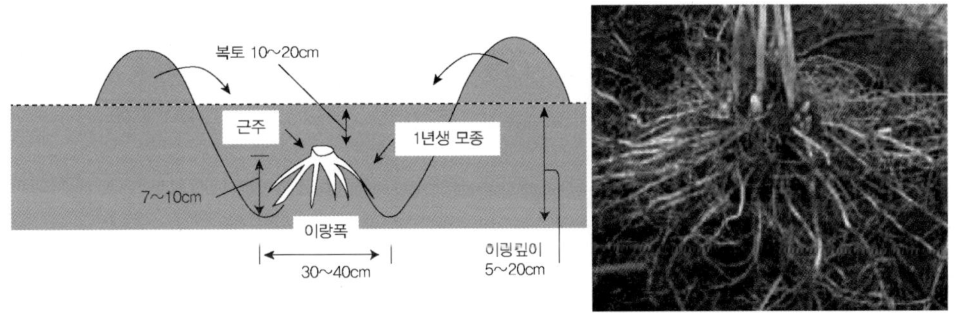

그림 4-13 정식 요령 및 정식용 모종(1년생 모종)

아스파라거스의 경우 경엽이 바늘 모양으로 수광량이 양호하여 광합성 능력이 유지되므로 어느 정도 밀식재배가 가능하다. 일반재배(150×30cm, 한줄심기)에 비하여 150×20cm, 두줄심기(5,500~6,600주/10a) 밀식재배의 경우 20~40% 증수가 가능하나 밀식재배의 경우 정식 노력 소요 및 종묘비 증가, 통풍불량 과번무 등으로 재배관리가 문제가 되기도 한다. 따라서 밀식재배는 보통 4~5년의 단기간을 목표로 단기밀식 재배를 하는 것이 유리하다.

(3) 시비

10a(300평 기준)당 연간 수확량이 1톤인 경우 질소와 칼리 각각 30kg, 인산 40kg, 3톤의 경우 질소와 칼리 50kg, 인산 60kg 정도가 필요하며, 퇴비 등의 유기물을 줄 경우 증수효과가 높다. 유기물은 양분공급은 물론 보수, 통기 등 토양 물리성의 개선에 도움이 된다. 정식 후에는 해마다 생육 정도를 고려해 시비량을 차츰 늘려야 한다.

시비량(10a 기준)은 정식 1년차의 경우 질소 12kg과 인산 8kg, 칼리 10kg을 주는데 이때 질소와 칼리는 3분의 2를 밑거름으로, 나머지는 7~8월에 2~3회 나눠 웃거름으로 준다. 그리고 퇴비와 인산·고토석회는 전량 밑거름으로 준다. 2년차에는 질소 15kg과 인산 11kg, 칼리 13kg을 준다. 그리고 3년차에는 질소 20kg과 인산 15kg, 칼리 18kg을, 4년차 이후에는 질소 30~40kg과 인산 20~30kg, 칼리 25~35kg을 주되, 토양 비옥도에 따라 30% 정도를 증감하도록 한다.

웃거름은 수확하기 한달 전 쯤 이랑에 주는데, 비료의 유실이 많은 토양(모래땅)에서 질소와 칼리의 30%를 8월 상순까지 나눠준다. 또한 입경이 시작되고 부터 경엽신장기에 양·수분 흡수량이 많으므로 이 시기를 중심으로 시용하는데, 생육기간이 길므로 봄 수확 후반부터 경엽의 황변기까지 질소의 비료효과가 끊기지 않도록 나눠준다. 유기질 비료는 입경 개시기나 경엽의 가지치기를 한 후에 이랑 사이를 중심으로 준다.

그림 4-14 배토기를 이용한 중경 후 비료 시용

(4) 정식 후 관리

본포 정식 후 1년차(2년생)에는 줄기와 잎이 적고 지면의 피복도가 낮으므로 잡초 방제에 주의를 해야 하며, 봄 수확 후 이듬해 수량을 확보하기 위해 직경 12cm 전후의 반듯이 자란 줄기로 주당 4~6줄기 정도 남겨 입경(立莖)을 하는데 입경시기는 작물의 년생과 세력에 따라 달라지며, 너무 늦으면 이듬해 수량 감소에 원인이 된다.

① 멀칭: 정식 후 어린순이 지상부에 나올 부위를 남기고 흑색 비닐로 멀칭해 주면 지온 상승과 잡초 방제 및 수분 증발 억제에 효과가 크다. 수확 후에는 웃거름 주기, 제초, 흙 돋우기 등을 한다.

그림 4-15 잡초 방제를 위한 멀칭(왼쪽), 비가림 및 노지재배(오른쪽)

② 정식 후 2년차: 정식 후 2년차에는 지상부 줄기가 넘어지지 않도록 지주를 세워 유인해 준다. 아래로 늘어진 줄기나 너무 가는 줄기 등은 제거해 주도록 한다. 2년차에는 수확을 하지 않고 줄기와 잎의 생육이 충실해지도록 하는 것이 좋으나 생육이 왕성할 경우에는 연필 굵기 전후 줄기를 10여 개 이상 입경시키고 이후에 발생되는 순을 수확하기도 한다.

③ 3년차 이후: 봄 수확이 끝나고 입경(立莖: 동화 양분을 만들 수 있는 새로운 줄기를 키우는 것)을 시키는데, 입경을 시키지 않으면, 주가 소모되고

쇠약해진다. 이것은 입경이 수확물과 마찬가지로 전년도의 주에 저장된 저장 양분의 소비로 이루어지기 때문인데, 지하부의 저장 당분은 입경 개시 약 1개월 후에 최저가 된다. 입경시키는 줄기는 반듯이 자란 직경 10~13mm 전후의 것으로 하며, 불량한 줄기 등을 제거한다. 입경 시에는 하나의 비늘눈 군에 반드시 1~2개의 줄기를 입경시키도록 한다. 2년차 이후에는 입경 수를 장기재배의 경우 포기당 4~6개 정도를 목표로 관리한다. 입경 후 40~50일부터 새로운 맹아를 생성하여 다음 수확에 들어갈 수 있다. 입경 시기가 너무 빠를 경우 수량 감소 및 과번무를 초래하며, 너무 늦을 경우 양분이 소모되어 빈약한 줄기가 발생된다. 대체로 1일 수확량이 최고 수확시의 30% 이하로 떨어지면 입경을 시작한다.

그림 4-16 입경(줄기 세우기) 모습(왼쪽), 입경후 지상부 생육 모습(오른쪽)

④ 원줄기 관리: 아스파라거스는 지제 부분(地際部分: 땅 닿는 곳)이 연약해 쉽게 쓰러진다. 따라서 쓰러짐을 방지하고 하우스 내에 바람과 햇볕이 잘 들도록 하기 위해서는 순지르기를 실시한다. 그물망을 이용하여 설치하는데 점차 그물망을 올려주며, 줄기 제거는 맑은 날 하도록 한다. 최종적으로는 8월까지 2~3회 잘라주며 150cm 전후로 자른다. 지주를 세울 때는 5~6포기 건너서 높이 120cm 정도 되는 지주를 세우고 끈으로 고정해 준다.

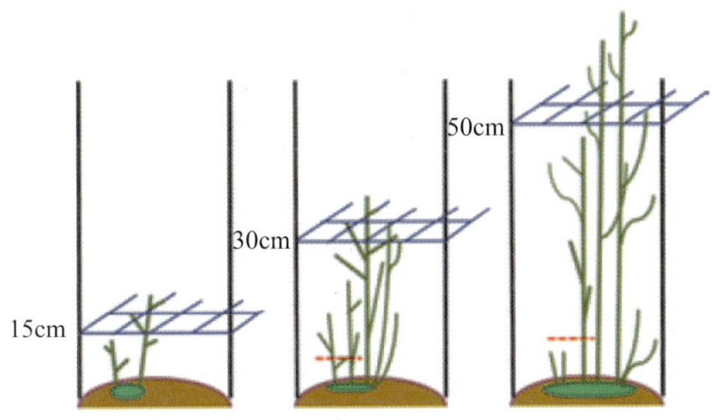

그림 4-17 정식 초기 그물망 설치에 의한 도복방지 관리

⑤ 원줄기 적심 및 곁가지 정리: 줄기가 과번무되면 포기의 중심부 그늘이 진 부분은 광합성을 충분히 할 수 없는 조건이 되므로 이러한 줄기는 가지치기를 하여 통풍과 햇볕을 잘 들도록 하는 것이 저장 양분의 축적에 유리하다. 원줄기는 140cm 이상에서 자르도록 하는데 100cm 이하로 자를 경우에는 수량이 크게 감소한다. 60cm 이하에서 자란 아랫가지는 잘라주어 통풍이 잘 되도록 한다.

그림 4-18 원줄기 적심 모습(왼쪽) 60cm 이하 아랫가지 정리(오른쪽)

⑥ 여름철 고온대책: 고품질 아스파라거스 생산에는 20~30°C의 온도관리가 요구된다. 특히, 여름철 하우스 내의 온도는 외기온이 30~35°C 정도되면 하우스 내 온도는 30~50°C까지도 상승된다. 이러한 고온 환경은 원줄기

의 생장점 고사, 병해발생 증가, 순의 끝이 벌어지거나, 곡경, 파열경 등이 발생 원인이 될 뿐 아니라 작업환경의 악화, 결국은 수량성 및 품질저하로 이어진다. 따라서 하우스 내의 온도 상승을 위한 방지 대책이 필요하다. 방지 대책으로서는 가능한 측창을 높이 열고, 천창 환기는 물론 차광자재(30~40%)를 이용한 피복을 실시하도록 한다.

그림 4-19 천창 환기시설(왼쪽), 생장점 고온피해(오른쪽)

⑦ 관수 및 추비: 아스파라거스는 어린순의 92%가 수분으로, 수확기간 중에도 수분이 소비된다. 입경 후부터는 증산 작용에 의해 소비됨과 동시에, 줄기와 잎을 자라게 하고, 동화 양분을 뿌리로 이동시킬 때도 이용된다. 또 일단 건조되면 맹아량이 감소된다. 본래 건조에는 강한 식물이나, 이는 식물체가 고사되지 않기 위한 식물 특성으로, 실제 다수를 목표로 할 경우에는 수확 전부터 경엽 황변기까지 정기적인 관수가 중요하다. 특히, 시설재배에서는 적극적인 관수를 하는데 시비와 동시에 20~30mm의 관수를 하도록 한다. 비가림재배는 병방제는 물론 수량을 올리는 데도 큰 효과가 있다.

⑧ 지상부 제거: 아스파라거스의 근주의 연령이 어린 시기에는 줄기와 잎에 의한 지면의 피복도가 낮으므로 잡초의 발생이 많다. 수확 전(맹아 전)과 수확이 완전히 끝난 후 그리고 가을에 지상부를 제거한 후에 토양처리제를 사용한다. 그러나 이것만으로는 불충분 하므로 생육기간 중에 2~3회 인력으로 제초를 해주도록 한다. 가을철이 되면 휴면에 들어가 잎과 줄기

가 완전히 마르는데 이때 지상부를 모두 제거하여 포장 밖으로 꺼내어 소각시키거나 조사료로 사용한다.

그림 4-20 지상부 고사와 제거 작업

아스파라거스의 생산성은 뿌리량과 뿌리의 당도에 의해 좌우된다. 뿌리의 당농도는 잎이나 줄기로부터 전류되는 동화 양분의 결정체로 9월 이후에 저장근에 저장되며, 10월부터 12월에 걸쳐 급격히 상승한다. 이것이 이듬해 봄 새순의 움이 트는 에너지원이 되며, 뿌리의 당 함량과 봄 수확량과는 정의 상관관계가 있다. 수확 종료 후에는 12Brix 이상, 10월 이후에는 21Brix 이상이 되도록 관리하는 것이 바람직하다.

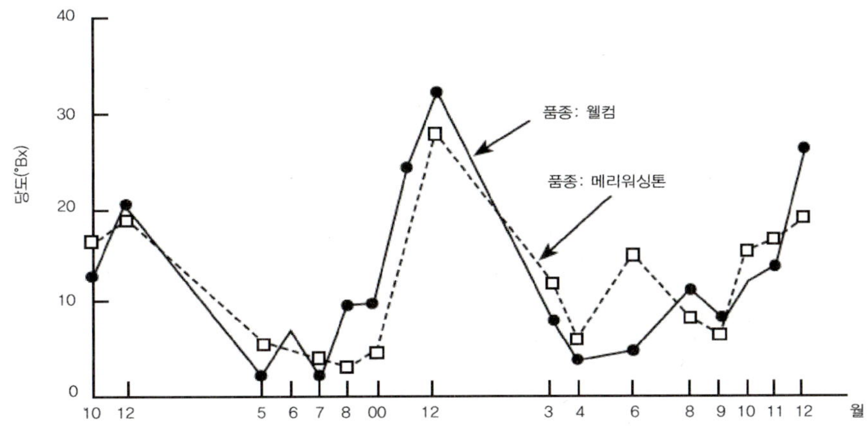

그림 4-21 아스파라거스의 뿌리의 당도 변화(비가림재배)

3.2 화이트 아스파라거스 재배기술

(1) 육묘

보통 노지 육묘 포장에서 1년간 육묘한다. 육묘포는 묘를 굴취할 때 뿌리가 잘리지 않도록 배수가 좋은 사질토나 사양토로 된 밭을 선정한다. 파종은 5월 상순~6월 상순 사이에 한다. 직파의 경우는 폭 45cm, 깊이 2cm의 이랑을 만들어 주간 9cm 간격으로 1립씩 파종한 뒤 2cm 깊이로 복토한다. 이른 봄 시설 내에서 플러그 육묘한 뒤 4월 중순에 정식을 하면 노지 직파보다 대묘를 양성할 수 있다.

표 4-7 육묘포의 면적, 육묘본 수, 소요 종자량(10a당)

육묘 포장(cm)	필요 주수(본)	필요 육묘 수	소요 종자량(dl)	재식 거리	육묘포 면적
180×35	1,200~1,800	1,800~2,000	0.7	45×9cm	90~100m^3

(2) 정식

익년 4월 중순~5월 상순, 눈이 싹트기 시작하면 묘를 정식한다. 묘는 가능한 한 단근이 없이 굴취하여 대묘를 골라 심는다. 묘의 뿌리 수는 적어도 10본 이상인 것을 사용한다. 정식 포장은 전년도 가을 pH 6.0을 목표로 하여 산도를 조정해 둔다. 이듬해 봄에 이랑 폭 180cm로 만드는 이랑에 25~30cm 깊이로 구덩이를 파고 10a당 3톤의 퇴비를 넣어 정식한다.

(3) 정식 후 관리

정식 후 약경이 지상에 나오기 전에 제초제를 살포하고 활착 후 2~3회 중경 제초를 한다. 이때에 왕겨나 유기물로 두껍게 복토하여 생육시킨다.

정식 2년째 봄에는 수확을 하지 않고 그대로 약경을 입경시켜서 주를 충실하게 한다.

정식 3년째부터는 이른 봄에 왕겨 등으로 25cm 높이로 배토를 하거나, 봄철 맹아가 발생하기 전인 3월 상순에 무가온 하우스 내부에 파이프를 활용하여 터널을 만들고 흑백필름을 씌워 차광 처리를 한다.

그림 4-22 화이트 아스파라거스 생산 방법(왼쪽: 토양 배토, 가운데: 흑백필름터널, 오른쪽: 왕겨 배토)

참고문헌

강원도농업기술원. 2013. 아스파라거스 재배기술
농촌진흥청. 2003. 양채류 재배
농촌진흥청. 1996. 고랭지 아스파라거스 재배기술 개발
농촌진흥청. 2005. 난지권 기후특성을 이용한 고품질 아스파라거스 재배

제 5 장 아스파라거스 수확후생리 및 관리

01 수확후생리

1.1 서론

1.1.1 농산물의 수확후 손실

농산물은 수확후 손실이 쉽게 발생한다. 원예작물은 물질대사가 지속적으로 진행되며, 보통 수분함량이 70~95%로 물을 많이 함유하고 있어 조직이 부드러워 다치기 쉽고, 미생물에 의한 부패가 많고, 수확된 원예작물은 썩기 쉬워 신선농산물의 수확후 손실량은 품목에 따라 25~50% 정도에 이른다.

1.1.2 이용기관에 따른 취급

수확대상이 열매, 잎, 뿌리 등 다양하므로 제각기 알맞게 취급해야 한다.

1.1.3 수확 시기와 수확후관리

수확 시기가 식물학적으로 보면 매우 다양하기 때문에 수확후 관리방법도 이를 잘 고려해야 한다.

농작물은 어릴 때, 한창 자라는 중이거나 또는 다 자란 후에 수확하는 등 작목에 따라 수확 시기가 다르므로 수확 당시 농산물의 상태를 잘 이해해야 하며 수확후 관리방법도 이를 잘 고려해야 한다. 과실(열매)은 일반적으로 성숙하거나 익었을 때 수확하며, 쥬키니 호박이나 오이처럼 성숙이 시작되기 전에 수확되는 것도 있다. 아스파라거스는 죽순과 같이 싹으로 자라 나온 신초를 수확하고 꽃양배추는 식물체가 다 자란 후 성숙한 꽃덩어리를 이용한다. 감자는 지상부의 꽃이 피고 나면, 지하부에서 덩이줄기의 비대가 완성된 다음 수확한다.

1.2 호흡생리

1.2.1 호흡

(1) 호흡

호흡이란 신선농과물이 숨을 쉬는 것을 말한다. 농산물은 모식물체로부터 더 이상 양분이 공급되지 못한 채 자체 저장양분이 소모되며, 시간이 지날수록 저장양분이 감소되어 맛(당도, 산도, 그리고 풍미)이 없어지고, 호흡에 의해 열이 발생하여 식물체 온도도 상승한다.

아스파라거스의 수확후 호흡률은 다른 작물과 마찬가지로 온도, 수확후 경과시간, 그리고 순의 부위별 위치에 따라 차이가 있다. 신선 아스파라거스는 순의 정단부가 기부보다 호흡률이 높으며(그림 5-1), 수확시 호흡률이 극히 높은 작물로 분류되지만(표 5-1) 수확 이후부터 호흡률이 급격히 저하되는 경향을 보인다(표 5-2).

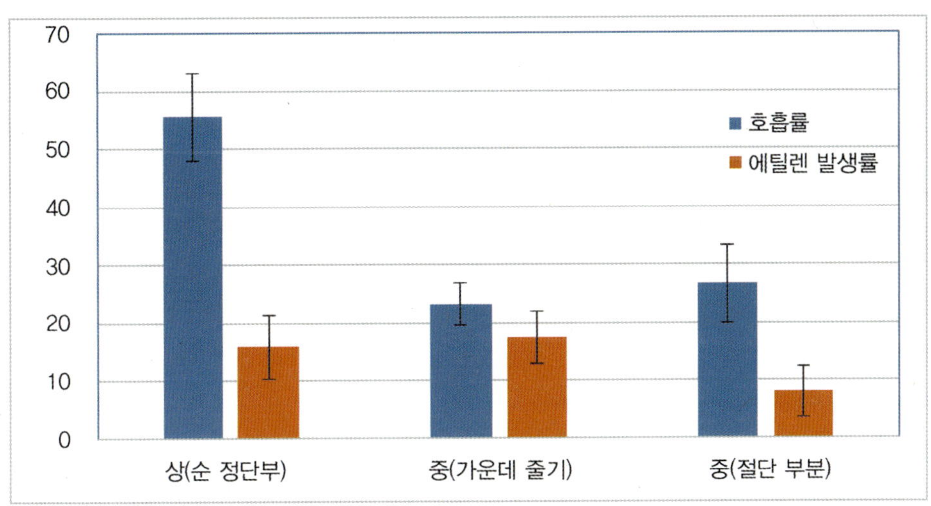

그림 5-1 상온에서 아스파라거스 부위별 호흡률(mg $CO_2 \cdot kg^{-1} \cdot h^{-1}$)과 에틸렌 발생량(μℓ $C_2H_2 \cdot kg^{-1} \cdot h^{-1}$) 비교

표 5-1 5℃ 저장한 신선 채소의 호흡률에 따른 분류

구분	호흡률 (mg $CO_2 \cdot kg^{-1} \cdot h^{-1}$)	품목
매우 낮음	5 이하	건조 채소
낮음	5~10	감자, 마늘, 샐러리
보통	10~20	결구상추, 당근(지상부 제거), 무, 오이, 토마토
높음	20~40	지상부가 있는 당근과 무, 잎상추
매우 높음	40~60	브로콜리, 파
극히 높음	60 이상	시금치, 아스파라거스, 파슬리

표 5-2 신선농산물의 온도에 따른 호흡률의 차이(USDA, 2016b)

품목	호흡률 (mg $CO_2 \cdot kg^{-1} \cdot h^{-1}$)			
	0℃	10℃	20℃	25℃
아스파라거스	60	215	270	–
상추(결구)	12	31	56	82
상추(잎)	23	39	101	147

품목	호흡률 (mg $CO_2 \cdot kg^{-1} \cdot h^{-1}$)			
	0℃	10℃	20℃	25℃
셀러리	15	31	71	–
마늘	8	24	20	–
양파	3	7	8	–
딸기	16	75	150	–
오이	–	26	31	37
토마토(적숙과)	–	15	35	43
당근	15	31	70	–
무	16	34	130	172

(2) 호흡의 과정

포도당 +산소 → 이산화탄소 + 수분: 에너지 생산 및 호흡열 발생

화학식: $C_6H_{12}O_6 + 6O_2 \rightarrow 6CO_2 + 6H_2O$

호흡열은 곧바로 작물 품온의 상승을 초래하므로 초기 호흡열의 제거는 선도 유지의 핵심이 된다. 아스파라거스는 어린순을 수확하는 작물로서 호흡에 따른 분류는 곤란하나 호흡 비급등형에 포함된다고 볼 수 있다(표 5-3).

표 5-3 식물의 호흡 유형과 에틸렌 생성과의 관계

처리 / 과실 유형	공기(Air)	
	호흡	에틸렌 발생
호흡 급등형	급증	급증
호흡 비급등형	변화 없음	미미함

(3) 호흡열

- 수확후 호흡작용으로 인하여 농산물로부터 많은 열이 발생한다.
- 호흡이 왕성한 품목일수록 수확 즉시 농산물의 품온을 낮추어야 선도가 오래간다.

- 수분 손실이 발생하고, 맛이 급격히 저하된다.
- 호흡열량은 예냉기나 저온저장고의 용량 결정에 직접적으로 영향을 준다.

1.3 에틸렌의 생성과 작용

(1) 에틸렌의 사용

미국 FDA에 의하면 에틸렌은 인체에 '일반적으로 안전하다'라고 평가되며 (GRAS 인증), 바나나나 오렌지의 착색을 증진시키기 위하여 오랫동안 사용되어 왔다. 단, 기체 상태의 에틸렌은 폭발성이 있으므로 취급에 주의가 요구되는 기체이다(그림 5-2).

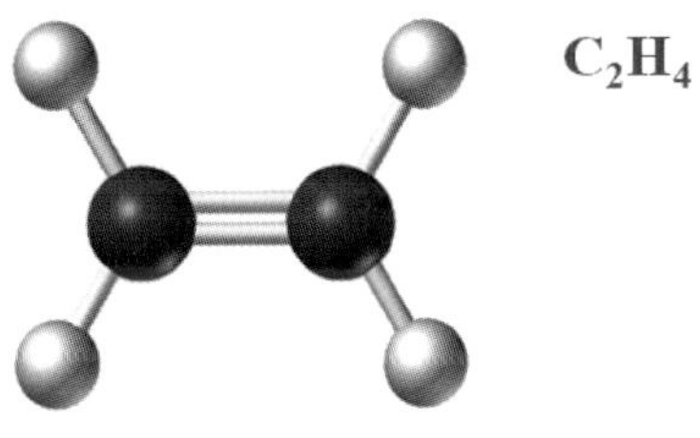

그림 5-2 에틸렌의 화학식과 구조

(2) 식물의 에틸렌 생성

수확후 식물체가 성숙 및 노화되는 동안 에틸렌 생성은 증가한다. 에틸렌은 성숙호르몬 또는 노화호르몬이라 불리며, 과실의 성숙이나 잎과 꽃의 노화를 촉진시킨다. 식물은 에틸렌을 생성하면서 동시에 세포 내에서 에틸렌을 결합하는 능력이 있으며 에틸렌이 작용 부위에 결합해야 그 효과가 발생된다.

(3) 식물체의 에틸렌 발생 촉진

농산물은 수학후 상처나 스트레스 조건에 처하면 에틸렌이 발생된다. 에틸렌은 극히 적은 양이지만 식물체의 모든 조직에서 지속적으로 발생하며, 상처나 스트레스 조건에서 그 발생량이 급격히 증가한다. 신선농산물을 먹을 때 그 순간에도 소량이지만 에틸렌이 발생하며, 우리는 매일 에틸렌을 먹고 있다. 에틸렌은 차량의 배기가스에서도 소량 발생한다.

(4) 에틸렌과 산소의 관계

산소는 에틸렌의 생성에 반드시 필요하다. 5~6% 이하의 저농도의 산소 조건에서는 에틸렌의 합성이 억제된다. 신선농산물의 장기저장이나 고품질 유통기간 연장을 위해 산소농도를 낮추어 호흡률을 줄이고 에틸렌 생성을 억제시키는 CA 저장이나 MA 저장이 이용되고 있다.

(5) 꽃에 미치는 에틸렌의 영향

과실이나 꽃의 노화를 촉진시키거나 착색을 증진시킨다.

(6) 수확후 발생하는 에틸렌 장해

엽·근채류는 에틸렌 생산이 매우 적다. 에틸렌에 의해서 쉽게 피해를 입어 품질이 나빠지며, 상추나 배추의 중륵 조직이 갈변하거나 당근의 쓴맛 생성 그리고 오이 과피의 황화가 촉진되는 것이 대표적인 예이다. 에틸렌 생성량이 많은 품목과 적은 품목을 같은 장소에 저장하거나 운송하는 것은 반드시 회피해야 한다.

아스파라거스는 에틸렌 생성량이 많은 작물은 아니나(표 5-4), 토양 및 수확후 온도에 따라 에틸렌 발생량이 증가한다. 수확후 1시간 정도 20℃의 상온에 보관시 2~3μl $C_2H_2 \cdot kg^{-1} \cdot h^{-1}$의 에틸렌이 발생하며, 일정수준 이상의 에틸렌에 노출되기 시작하면 순의 목질화가 빠르게 진행된다. 아스파라거스 순의 경화를 막기 위해서는 신속한 예냉과 함께 저장 및 유통온도를 적정온도로 관리하는 것이 가장 중요하다.

표 5-4 20℃에서 에틸렌 생성량에 따른 신선 채소와 일부 과일의 분류

구분	에틸렌 생성량 (㎕ $C_2H_2 \cdot kg^{-1} \cdot h^{-1}$)	품목
매우 낮음	0.1 이하	감자, 샐러리, 아스파라거스, 엽채류, 근채류
낮음	0.1~1.0	가지, 고추, 수박, 오이,
보통	1.0~10.0	망고, 바나나, 토마토
높음	10.0~100.0	복숭아, 사과
매우 높음	100.0 이상	체리모야, 패션프룻

(7) 식물의 호흡형태와 에틸렌 발생

호흡급등형 농산물은 익는 도중에 에틸렌의 생성이 급증하나, 비급등형 농산물은 에틸렌의 발생이 매우 미미하다.

(8) 에틸렌 제어 방법(표 5-5)

표 5-5 수확후 현장에서 이용할 수 있는 각종 에틸렌 제어법

에틸렌 제어	대책
발생 회피	물리적 상처 주의: 수송 운송, 선과, 포장 농산물 선별 제거: 상처, 병해충 감염, 과숙 취급시 혼합 회피: 저장, 수송, 진열 에틸렌 발생 회피: 가솔린 기관, 흡연 소독과 청결 유지: 저장고, 각종 수확후관리 기기 및 도구
제거	환기 에틸렌 제거제 에틸렌 제거기
발생 억제	저장법: 저온, CA, MA, 감압 억제제: 에틸렌 생성 또는 작용 억제제

① 에틸렌의 합성을 억제하는 물질

에틸렌 합성억제제중 AVG라는 물질은 'ReTain'이라는 상품으로 과실 낙과 방지 및 숙기지연용으로 재배 중에 사용되고 있으나 수확후에는 처리가 불가능하다. 농산물의 수확후에는 저장시 저농도의 산소를 유지하는 것이 에틸렌 생성을 억제시키는 대표적인 방법이다.

② 에틸렌의 작용을 억제하는 물질

에틸렌은 식물조직 세포내 에틸렌이 결합되는 수용체가 있으며, 그 수용체와 에틸렌이 결합해야 비로소 에틸렌에 의한 효과가 발생된다. 이렇게 에틸렌이 결합하는 것을 방해함으로써 작용을 억제하는 효과를 나타내는 물질로는 STS, 1-MCP, 그리고 에탄올 등이 있다. STS는 '크리잘'이라는 제품으로 판매되고 있으며, 중금속인 은 성분은 환경오염 물질로 간주되어 식용으로는 사용이 불가능하며 1980년대 이래 절화수명 연장제로서 상용화되고 있다. 가장 대표적인 에틸렌 작용억제제인 1-MCP는 호흡급등형 작물에 효과가 좋으며, 특히 사과 장기저장에 유용하게 이용되고 있다.

③ 에틸렌을 흡수, 산화 또는 분해하는 물질

공기 중의 에틸렌을 흡착하여 에틸렌의 농도를 낮추기 위해 저장고 내에서 용기에 담아 설치하기도 한다. CA 저장고에 주로 이용되는 물질로는 과망간산카리(퓨라필 등), 제오라이트, 목탄, 활성탄 등이 있다. 자외선 및 오존은 에틸렌을 산화시켜 작용을 억제시킨다. 토마토 과실이 익는 동안 저농도의 산소(3%)에 저장하면 호흡과 에틸렌 발생이 현저하게 억제되고, 과피의 착색이 지연된다.

에틸렌에 의해서 초래되는 대사작용은 신선농산물에 따라 장단점으로 작용하므로 이를 잘 이해하고 있는 것이 농업경영에 유익하다(표 5-6).

표 5-6 에틸렌에 의해 식물체에서 발생되는 생리적 현상

단점	품목	장점	품목
- 반점 형성	아스파라거스	- 탈리: 수확 촉진	과실류
- 목질화	아스파라거스	- 맹아촉진	씨감자
- 노화 및 탈색	시금치, 오이	- 과실익음 촉진	과실류
- 쓴맛 형성	당근		
- 낙엽 촉진	콜리플라워		
- 조직 경화	양배추		
- 맹아 촉진	감자, 결구상추		

일반적으로 채소는 에틸렌의 생성이 적은 편이지만, 에틸렌에 대한 감수성이 예민하여 에틸렌 장해가 발생하기 쉽다(표 5-7). 특히, 에틸렌에 대한 감수성이 높은 작물은 낮은 농도의 에틸렌에 의해서도 장해현상이 쉽게 유기되므로 수확후 취급이나 수송중 이를 정확하게 이해하고 관리해야 한다.

표 5-7 에틸렌에 대한 반응(감수성)이 예민한 채소와 둔한 채소

감수성	품목
낮음	가지, 고추, 당근, 무, 순무, 양파 등
중간	감자, 샐러리, 아스파라거스, 완두, 케일, 파, 풋콩 등
높음	배추, 브로콜리, 상추, 시금치, 양배추, 오이, 토마토 등

1.4 조직의 연화

1.4.1 성숙과 연화

대부분의 신선농산물의 식용 부위는 성숙 도중에 연화가 진행된다. 성숙 중 대다수의 과실은 주로 세포벽(골격)의 구성성분이 분해되며, 바나나, 사과, 그리고 멜론 등은 세포벽뿐만 아니라 저장전분도 분해된다. 특히, 엽채류를 포함한 채소류는 수확후 수분이 증발되어 연화와 함께 조직감을 상실하므로 신선농산물은 저온 저장 및 냉장유통 조건으로 취급하며 플라스틱 필름으로 포장하는 것이 중요하다.

1.4.2 신선농산물의 조직감

농산물의 조직감은 식물의 세포벽의 구조 및 조성, 세포의 팽압, 그리고 전분과 프락탄 등 저장양분이 복합적으로 작용한다.

1.4.3 식물의 세포벽

식물의 세포벽은 건축에 있어서의 철근 콘크리트 구조에 비유된다. 셀룰로오

스는 골격을 유지하는 철근으로, 그 외의 복합다당류들은 약한 힘으로 변형시킬 수 있는 시멘트에 해당한다(그림 5-3). 신선농산물의 성숙 또는 노화 과정 중 세포벽의 어느 한 부분만이라도 분해 또는 변형되면 전체의 구조에 영향을 미치게 되어 경도가 저하된다.

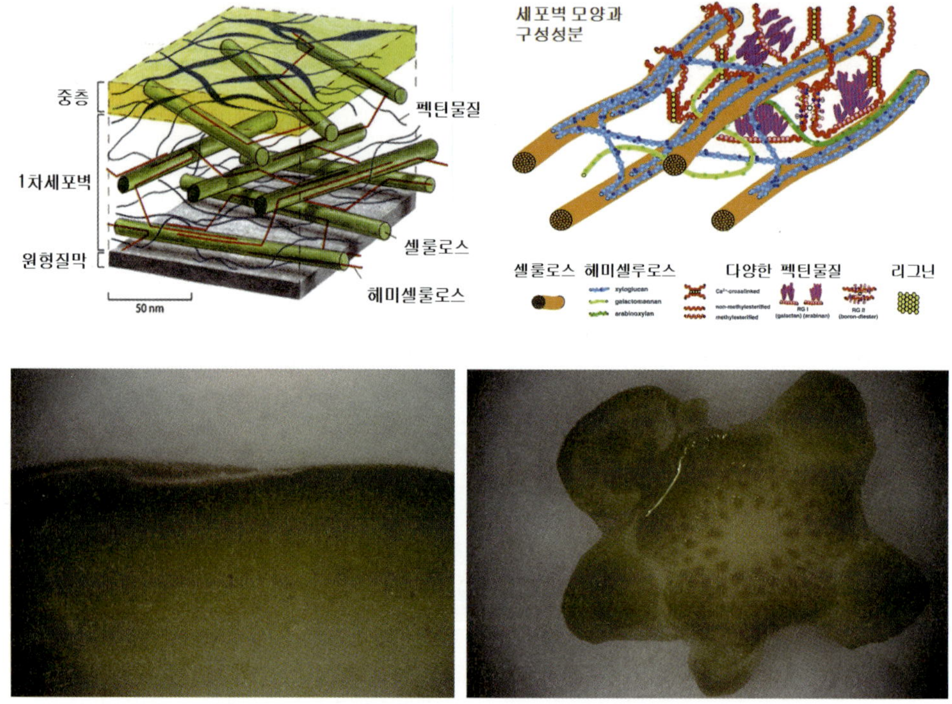

그림 5-3 식물의 세포벽과 세포막 형태(왼쪽 위: Alberts, 2002)와 다양한 성분으로 구성된 식물 세포벽의 구조(오른쪽 위: Loqué 등, 2015), 그리고 아스파라거스 순의 표피층(왼쪽 아래: 50배) 및 정단부 조직(오른쪽 아래: 25배)

(1) 세포벽 변화와 에틸렌의 관계

에틸렌은 식물의 세포벽의 분해를 촉진한다. 일반적으로 식물의 성숙 및 노화가 진행되면 에틸렌은 발생이 증가하면서 세포벽을 가수분해하는 효소들이 다량 생성되고, 조직의 연화가 진행되어 물러지게 된다. 특히, 멜론이나 복숭아는 아주 소량의 에틸렌에 의해서 과육의 연화가 급속히 진행된다. 아스파라거스는 에틸렌에 의해 줄기의 리그닌화(목질화)가 진행되면서 줄기가 단단해지면서 식감이 나빠진다.

(2) **노화 지연과 칼슘의 관계**

칼슘은 식물의 과실이나 잎에서 Ca^{2+} 형태로 풍부하게 함유되어 있으며, 노화를 지연시키고 식물 조직을 단단하게 유지시켜 저장력을 향상시키고 곰팡이 등 부패에 대한 저항성을 유지시키는 데 도움을 준다. 실제로 과실에 Ca^{2+} 제제를 처리(Bangerth, 1979; Ferguson, 1984)하면, 에틸렌의 발생이 지연되고, 세포막의 기능이 오래 유지되며, 미생물에 대한 저항성을 향상시키고, 노화를 지연시키는 효과를 보인다.

1.5 색상의 변화

식물의 색상은 식물의 성숙단계 지표로 수확기를 결정하는 중요한 요인이다. 토마토는 과실 표면의 엽록소와 주황색 색소(비타민 A로 변함)의 발현 정도에 따라 숙기를 6단계로 나누고 있다. 딸기의 착색은 안토시아닌계 적색 색소가 발현하는 것이며, 바나나는 녹색의 엽록소가 분해되면서 이미 생성되었었지만 가려져 있던 황색의 카로티노이드가 전면에 나타나는 것이다.

아스파라거스는 일반 재배한 녹색과 연화 재배한 백색이 있다(그림 5-4). 저장 중에 황화되어 상품성을 상실하기도 하는데, 저장 중 황화는 에틸렌에 의한 것으로 알려져 있다.

그림 5-4 재배법에 따른 아스파라거스 색상의 차이

1.6 증산작용

1.6.1 신선농산물의 증산

증산은 신선농산물 내부로부터 대기 중으로 수분이 배출되는 현상이다. 일반적으로 식물 조직 내부에는 수분이 수증기처럼 기화된 상태로 존재하고 상대습도는 97% 정도이다. 따라서 공기 중의 상대습도가 높지 않으면 항상 농산물로부터 공기 중으로 수분이 빠져나가게 된다.

식물체에서 수확후 증산작용은 온도에 따라 3가지 유형으로 구분되며(표 5-8), 아스파라거스는 이 중 비교적 온도에 관계없이 증산 작용이 활발한 작물에 속한다. 따라서 농산물 유통은 수확 후부터 수분 손실 억제를 위한 노력이 필요하다.

표 5-8 신선농산물의 종류에 따른 증산 특성

증산 특성		작물
A형	온도가 저하되면 증산량이 급격히 저하되는 작물	감자 고구마, 당근, 사과, 수박, 양파
B형	온도가 저하되면 증산량도 저하되는 작물	무, 밤, 복숭아, 토마토
C형	온도에 관계없이 증산이 활발한 작물	가지, 시금치, 아스파라거스, 오이

1.6.2 농산물의 수분 손실

수분 손실은 농산물의 종류, 저장온도 및 상대습도 등에 따라 속도가 달라진다. 가지나 사과 같은 작물은 표피에 왁스층이 잘 발달되어 비교적 수분 손실이 적으나, 버섯, 복숭아, 그리고 상추 등은 표피조직이 약하여 수분 손실이 심하다. 또한 수확이나 취급 도중에 상처가 발생하면 수분 손실이 심하게 진행된다.

신선 아스파라거스는 수분 함량이 많고(약 93% 수준), 표피와 조직의 건조가 쉽게 일어나므로 수확후 저장 및 유통과정 중에 높은 상대습도를 유지해야 한다(그림 5-5).

그림 5-5 저장 30일째 생체중 감소가 10% 이상 발생한 아스파라거스의 외관

1.6.3 신선농산물의 상품성과 수분 손실

일반적으로 신선농산물의 상품성 유지기간은 수분 손실량과 상관관계가 있다. 보통 엽채류에서는 생체중의 5% 정도 수분이 손실되면 시들어 버려 상품성을 상실한다. 신선농산물은 보통 플라스틱 필름으로 포장하는 등 농산물이 접촉하는 공기 중의 상대습도를 높여 수분 손실을 억제하여 신선도를 유지한다(그림 5-6). 상대습도가 높으면 저장 중 박테리아나 곰팡이가 급속히 번식하므로 세심한 주의가 필요하다. 온도가 높으면 높을수록 증산작용은 활발하므로 수확후 농산물은 가능한 적정 저온 하에서 관리해야 신선함을 오래 유지할 수 있다.

그림 5-6 증산을 억제시키기 위한 포장. 풋고추 골판지 상자(왼쪽)와 바나나 플라스틱 필름 밀봉(오른쪽)

아스파라거스는 생체중의 8.0%의 수준이 손실되면 상품성을 잃는 것으로 알려져 있어(Kays와 Paull, 2004), 플라스틱 포장 등을 통해 수분 손실을 억제하는 것이 신선도를 유지하는 방법이 된다(표 5-9).

표 5-9 신선농산물의 상품성 유지를 위한 최대 중량감모율 비교(Robinson 등, 1975; Hruschka, 1977)

과수	중량감모율(%)	채소	중량감모율(%)
감	13.3	당근	8.0
복숭아	16.4	브로콜리	4.0
사과	7.5	시금치	3.0
서양배	5.9	양파	10.0
		아스파라거스,	8.0
		토마토	7.0

1.6.4 농산물 유통과 결로현상

신선농산물은 저온 하에서 저장되다가 갑자기 상온에 노출되면 농산물과 공기의 온도차에 의해 결로가 형성된다.

신선농산물의 유통 시 저온에서 저장한 농산물을 별다른 처리 없이 그대로 공기 중에 방출하는 것은 농산물의 품질을 저하시키는 요인이다(표 5-10).

표 5-10 채소와 과실의 일반적인 수분 손실 속도에 대한 상대적 비교

구분	수분 손실이 많음	수분 손실 중간	서서히 손실
채소 화훼	딸기, 배추, 브로콜리*, 쌈채소, 엽채류*, 파*, 파슬리* 절화류	고구마, 고추, 당근, 무*, 상추*, 샐러리*, 아스파라거스, 양배추*, 오이, 완두, 토마토, 풋호박,	가지, 감자, 마늘, 생강, 양파,
과일	감, 무화과, 복숭아, 살구, 자두, 체리, 포도	밀감, 바나나, 배, 석류, 아보카도, 자몽, 천도복숭아	사과, 참다래

*운송 중 얼음을 채워도 무방함

02 수확후관리

2.1 수확후관리기술의 도출

2.1.1 수확후 품질 결정 요인

수확후관리기술은 농산물의 품질을 유지하고 손실을 방지하기 위해 활용하는 기술로서 취급하는 품목의 수확후생리에 근거하여 적절하게 활용한다. 기술이 활용되는 대상 품목은 수확후 생명현상에 의해 품질의 저하가 진행되므로 문제가 발생할 경우, 원인을 정확하게 파악하면 조절하는 수확후관리기술이 도출된다(표 5-11).

표 5-11 수확후관리기술 적용 체계

문제점 발생 (품질 저하 및 손실)		현상의 이해 (생물요인 원인 분석)		대책 제시 (기술 적용)
1. 중량 감소 위조, 위축	→	증산작용	→	- 증산 억제 환경 조성 - 저온, 고습도, MA
2. 맛 저하 (단맛, 신맛 등)	→	호흡현상	→	- 호흡억제 환경 조성 - 예냉, 저온 및 CA 저장
3. 조직감 저하	→	에틸렌 대사(노화) → 세포벽 분해	→	에틸렌 합성, 작용, 환경 제어 → 성숙 조절
4. 부패 발생	→	미생물 활성 증가	→	- 환경제어: 온도, 습도 - 손상 감소 기술
5. 내부 갈변, 조직 붕괴	→	생리적 장해	→	- 원인에 따라 조치
6. 물리적 손상	→	부주의한 취급	→	취급단계별 완충장치
종합: 전반적 품질저하	→	과숙 → 노화	→	적기 수확, 저장유통 환경관리

2.1.2 수확후관리기술 적용 흐름

신선농산물의 수확후관리는 수확 시기 판정에서 소비단계에 이르기까지 크게 수확, 수확후 처리, 저장, 상품화, 유통 및 소비 단계로 나뉘며 수확한 후

바로 시장에 출하할 경우에는 저장 과정이 생략된다(그림 5-7). 작업 순서는 대상 품목의 전반적인 상품성과 작업의 효율성에 따라 변경하여 적용되기도 한다. 아스파라거스는 시장 직출하용은 먼저 상품화 과정을 거친 후 유통에 앞서 예냉을 하는 편이 효율성을 높일 수 있다(그림 5-8).

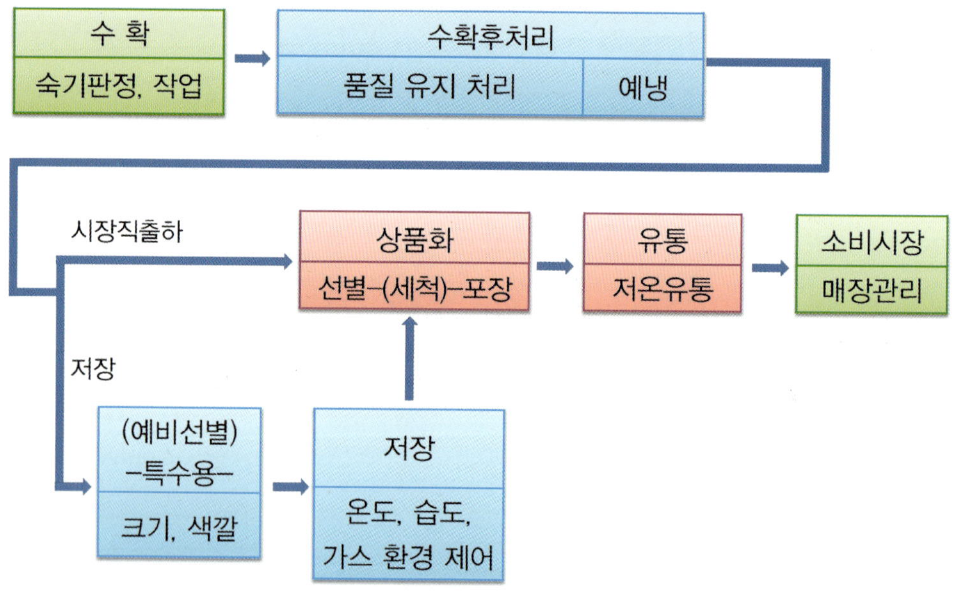

그림 5-7 사과의 수확후관리 흐름도(예시)

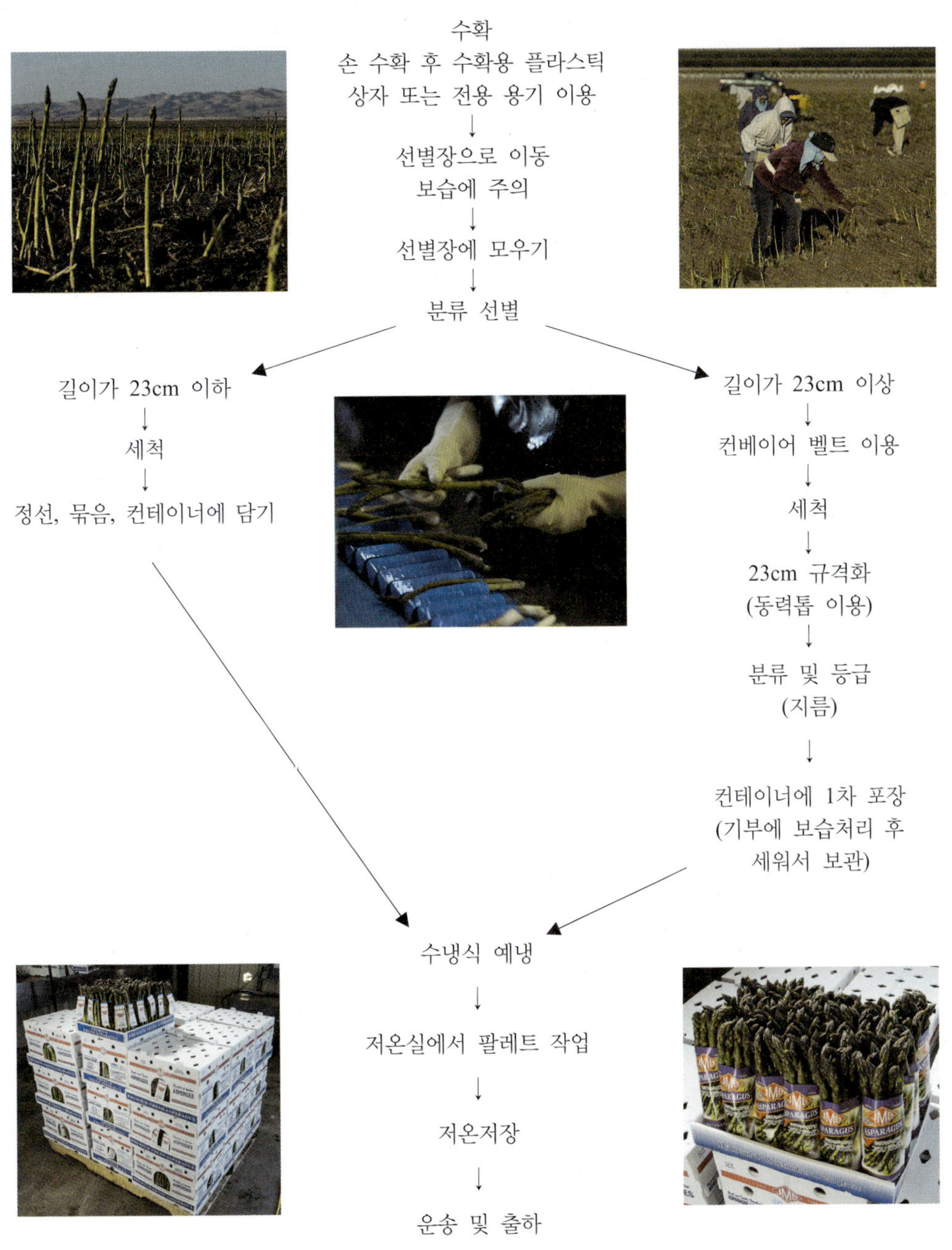

그림 5-8 미국의 아스파라거스 수확후 취급 단계(예시)

2.2 수확

수확 단계에서의 보편적인 문제점은 정확한 수확 시기 결정 기준이 미흡하고 수확한 작물을 포장에서 방치하는 시간이 길다는 점이다. 수확 시기는 출하 계획에 따라 다르게 적용해야 하는 것이 원칙이므로 사전에 계획한 즉시 출하, 단기저장, 그리고 장기저장 등 저장기간을 고려하여 수확 시기를 결정한다.

아스파라거스의 수확량은 수확할 순이 나오는 모체의 재배연수, 재배지역, 그리고 수확기간에 따라 상당한 차이가 있는데 정식 후 6~7년까지는 증가하고, 7~8년경에 최고 수량이 되어 그 후에는 비슷해진다. 일반적으로 15~20년까지도 수확을 하나 10년 정도 되면 갱신하는 것이 좋다.

2.2.1 수확 시기 판정

수확 시기를 판정하는 지표는 품목에 따라 다양하다. 특히, 저장을 계획하는 농산물은 저장기간에 따라 수확 시기를 달리해야 하므로 성숙도를 제대로 반영하는 지표 설정이 필요하다. 또한 품종에 따라서는 기상조건에 따라 성숙 및 노화 진행이 달라지는데, 특히 여름철에는 기온에 따라 수확 시기에 품질의 차이가 크게 나므로 날짜를 참조하되 이화학적인 변화를 조사하여 적기에 수확하는 판단 과정이 필요하다(표 5-12).

표 5-12 일반적으로 수확 시기 판단을 위해 고려해야 할 사항

수확 시기 판단 지표 유형	세부 지표
날짜	- 출아(만개) 후 경과 일수 - 생육일수(달력상의 날짜)
외관	- 색깔, 크기, 모양의 변화
감각적 품질	- 맛(단맛, 신맛, 떫은 맛), - 조직감: 단단한 정도, 연화 정도
이화학 특성	- 이화학적 변화: 전분의 당화(요오드 반응검사) - 품질요인: 당산비, 착색도
생리적 변화	- 호흡속도, 에틸렌 발생량
물리적인 변화	- 탈리의 용이성 조직감

판단 지표는 가장 정확하게 성숙도를 나타내는 것을 활용하는 것이 원칙이지만, 수확 후 출하 계획에 따라 만개 후 경과일수, 관능요인 등을 종합적으로 고려한다(표 5-13). 농작물에 따라 색깔을 기준으로 수확 시기를 판단할 때는 주관적인 판단보다는 컬러차트 등 객관적인 지표를 활용하기도 한다.

표 5-13 아스파라거스의 수확 시기 판단 지표

주 판단 지표	척도
순의 길이 30cm 이하	23~28cm
일부 지역에서 순 기부의 백색 조직 길이	최대 2cm 이하
정단부 분열기관이 모여 있는 정단부	퍼지지 않고 뭉쳐 있는 밀집도

아스파라거스는 다년생 작물로 지상부 생육과 뿌리가 확보된 이후부터 수확을 하는 것이 중요하다. 일반 1년생 채소처럼 취급하여 정식 후부터 발생되는 순을 바로 수확해서는 안 된다. 수확량은 정식후 연수, 재배지역, 재배방법, 그리고 수확기간에 따라 상당한 차이가 있다(표 5-14). 대체로 정식 후 2년차부터 수확을 할 수 있지만 수량이 매우 적고, 가늘어 본격적인 수확은 3년 이후부터 가능하다. 정식 3년차에는 15~20일, 4년차에는 30~40일, 그리고 5년차에는 60~90일 정도로 점차 수확기간을 늘려가도록 한다. 정식 5년 이후에는 보통 6~8주간을 기준으로 하되 초세에 따라 수확량을 조절하도록 한다. 수확을 종료하는 시기는 1일 수확량이 최고 수확시의 30% 정도로 떨어지고, 가는 줄기의 수확 비율이 60% 이상으로 많아지며, 맹아가 구부러져 나오거나 순의 머리 부분이 펴져서 나올 때는 수확을 종료하고 입경에 들어가도록 한다. 아스

표 5-14 노지와 비가림재배시 아스파라거스 생육 및 수량 비교(국립원예특작과학원, 1998)

구분	순수(개)/주	순중(g)/주	수량(kg/10a)
노지재배	14	261	451
비가림재배	25	480	930

*품종: 엑셀(5년생), 재식 거리 150×30cm

파라거스는 암·수 딴 그루로, 수그루는 암그루에 비해 움트는 것이나 개화가 빠른 데다 순이 많이 발생해 수량이 20~30% 많다. 따라서 암그루는 정식 후 2년차에 제거하는 것이 수량 면에서 유리하며 최근에는 수그루만으로 되어 있는 전웅 품종이 육종되어 재배되고 있다. 수확기간은 중부지방 기준으로 4월 중순부터 8월 하순까지 가능하며, 재배지가 고랭지로 갈수록 첫 수확 시기가 늦춰져 여름철 생산에 유리하다.

아스파라거스는 봄 수확 종료 후 입경을 실시하는데, 이때 입경은 어미 줄기를 기준으로 줄기 직경이 12~14mm 그리고 줄기 수는 주당 3~5대를 적절한 간격으로 배치한다. 이러한 조건에서 생육을 촉진시키면 1개월 후부터 여름 수확을 재개할 수 있다. 입경 줄기 수가 많으면 비상품 줄기나 불량 줄기가 많이 발생하고, 줄기의 크기가 16mm 이상으로 비대하면 입경 시 과번무나 열피 줄기가 발생할 수 있으므로 주의가 필요하다. 봄 수확기간이 너무 짧으면 봄 수확량이 적어 생산성을 저하시키고 너무 길면 봄 수확량은 증가하나 여름 수확량과 이듬해 봄 수확량이 감소하므로 생육 및 수확량을 적절히 조절해야 한다.

그린 아스파라거스는 기본적으로 순이 지상으로 30cm 이하이어야 하며, 약 25~27cm 자란 것만 골라서 땅속 1~2cm 깊이에서 자르는데 생장이 왕성할 때는 아침저녁으로 수확한다.

2.1.2 수확 방법

(1) 인력수확과 기계수확

농산물의 수확 방법은 크게 사람이 손으로 하는 인력수확과 설비를 활용하는 기계수확으로 구분한다. 생식용과 장기 저장을 목적으로 하는 신선농산물은 하나하나 손으로 따야 손상을 방지할 수 있다. 국내에서 생산되는 대부분의 농산물은 대부분 생식용으로 판매되므로 기계수확은 극히 제한적이다.

아스파라거스는 기본적으로 수확용 전용칼을 이용하여 수작업으로 인력수확한다. 인력수확시 노동의 편의를 고려하여 앉아서 수확할 수 있는 기계를 이용하기도 한다(그림 5-9).

그림 5-9 시설재배한 아스파라거스를 수확용 칼을 이용하여 수확하는 모습과 상자에 담긴 아스파라거스(위)와 노지에서 좌식수확기를 이용하여 수확하는 모습과 상자에 담긴 아스파라거스(아래: Limgroup, 2016)

(2) 수확 시간

수확하기에 좋은 시간대는 수확하는 계절, 표피조직의 특성, 그리고 저장 또는 직출하 여부 등에 따라 다르다. 여름에 수확하는 농산물은 오후가 되면 품온이 급격히 상승하여 수확 후 품질 변화가 빠르게 진행되므로 오전에 수확하여 선별장으로 이송시키는 것이 원칙이다. 이슬이 내리거나 서리가 내린 날에는 오히려 물기가 마른 늦은 오전시간에 수확하는 것이 작업효율면에서 유리하고 병원균의 전이를 최소화할 수 있다. 일부 농산물은 표면의 수분이 어느 정도 마른 후에 수확해야 농산물의 표피 세포의 손상을 줄일 수 있다. 기온이 낮은 늦가을에 수확하는 농산물은 오후까지 수확하여도 무방하다. 비가 올 때는 수확을 멈추고, 비가 많이 온 후에는 비가 갠 후 하루 정도 지나 수확을 재개한다.

아스파라거스는 호흡률이 매우 높은 작물이면서 동시에 온도가 상승하면 호흡률 증가가 매우 크다. 5℃ 이하의 저온에 비해 25℃에서는 호흡률이 10배까지 증가한다(표 5-15). 아스파라거스는 4~8월에 시설재배하여 생산하므로 고온에 노출되는 시간이 길고, 특히 낮에 햇빛에 노출되어 식물체내 대사작용이 활발해지면 수확후 유통이 어려우므로 장기 유통을 위해서는 품온이 낮은 새벽에 수확 작업을 실시하는 것이 매우 중요하다.

표 5-15 아스파라거스의 저장 온도별 호흡률 비교(UCDAVIS, 2014)

온도(℃)	0	5	10	15	20	25
호흡률 (ml CO_2·kg·hr)	14~40	28~68	45~152	80~168	138~250	250~300

(3) 수확 작업

농산물을 수확할 때는 양손을 사용하여 수확하고 식물 조직이 빠지거나 부러지지 않도록 주의한다. 상자에 담을 때나 수확한 농산물을 옮길 때는 압상이 생기지 않도록 조심해서 취급한다. 수확한 농산물을 임시적재 장소로 옮길 때 바구니나 상자에 너무 많은 양을 담을 경우 상처 발생이 많아지므로 작물에 따라 적당한 양을 취급한다. 농산물을 담을 때 농산물끼리 서로 상처를 입히지 않도록 조심한다. 수확한 농산물을 토양 바닥에 쌓아 둘 경우 토양에서 병에 오염이 될 수 있으므로 수확한 농산물은 박스에 담아 토양과의 접촉을 최소화한다.

(4) 수확에 필요한 보조 도구

수확용 칼이나 가위는 병원균이나 오염원을 전파하는 수단이 될 수 있으므로 청결을 유지하며, 수확용 바구니는 부드러운 재질이며 완충능이 있는 것이 좋다. 수확한 농산물을 담는 플라스틱 상자는 미리 포장내 적당한 거리의 바닥이 안정된 곳에 놓아두면 작업자의 불필요한 이동을 피할 수 있다. 플라스틱 상자 바닥에는 완충재를 깔아 농산물이 상자에 직접 부딪치지 않도록 한다.

2.2.3 수확후 이송 조치

수확한 농산물을 포장에 방치하는 것은 품질저하의 주된 원인이다. 수확 후에는 지체하지 말고 선별작업장(유통센터)으로 옮긴다. 부득이하게 포장에 적재해 두어야 할 경우에는 그늘에 두고, 차량 이송 시에는 차광막을 설치한다.

차량이나 운동기구에 올릴 때 충격과 운반 중 진동 등 물리적 상처 발생요인을 최소화하며, 과도한 적재를 삼가고 포장 내에서 운반은 가능한 한 저속 운행을 지키는 것이 농산물의 물리적 충격을 줄이며 품질을 유지하는 데 기본이 된다.

2.3 수확후 처리

수확후 처리는 생산물을 저장 혹은 출하하기 전에 생산물의 품질저하 억제, 부패 방지 및 해충구제 등을 목적으로 행해지는 다양한 기술을 말한다.

2.3.1 수확후 처리기술의 유형

① 생산물의 온도를 급속하게 낮추는 예냉 기술
② 수확 시 생긴 상처를 낫게 하는 치유(curing)
③ 미생물 활성을 저하시키는 화학제 처리, 열처리 및 방사선 조사
④ 저장장해를 방지하기 위한 예건 또는 저온 전처리(preconditioning)
⑤ 품질유지를 위한 에틸렌 억제제, 칼슘제제 및 항산화제 처리기술
⑥ 식품안전성을 높이기 위한 유통 전처리: 오존수 세척, 염소수 세척, 그리고 코팅 처리 등

2.3.2 예냉

예냉은 주로 여름철 고온기나 시설재배시 재배 환경에 의해 수확기에 고온에 노출된 농작물을 대상으로 수확 후 유통 또는 저장 전에 가능한 짧은 시간 안에 온도를 낮추는 기술을 말한다. 온도를 어느 정도까지 낮추어야 할지 결정하는 예냉 수준은 농산물의 품온 대비 저장온도와의 온도차에서 7/8 수준까지 낮추는 것이 경제성과 품질유지 면에서 적정 조건이다. 예냉은 수확시 재배 환경과 생산물을 취급할 저장 및 유통시설 간의 온도차에 따른 품질변화 민감도, 농작물 자체의 품질변화 민감도, 그리고 품목의 수분증산계수를 감안하여 예냉의 우선순위를 정할 수 있다.

아스파라거스의 수확한 어린순은 다른 채소에 비하여 호흡작용이 커서 선도 유지가 어렵다. 또한 아스파라거스는 품질변화 민감도가 매우 높은 작물이며(표 5-16), 생산시기가 늦봄부터 초가을이고, 특히 시설 내에서 재배하므로 저장 및 유통 적정 온도와의 온도차가 크다. 여기에 아스파라거스는 타 채소작물에 비해 수분증산계수도 낮지 않은 작물이다(표 5-17). 따라서 아스파라거스는 수확 후 가능한 빠르게 예냉하는 것이 품질 유지 및 저장성을 향상시키는데 극히 유리하다.

표 5-16 채소 작물별 품질변화 민감도에 따른 분류

채소 작물의 품질변화 민감도			
매우 높음	높음	보통	낮음
딸기, 무, 버섯, 브로콜리, 상추, 시금치, 아스파라거스	가지, 당근, 배추, 오이, 토마토(완숙)	양배추, 멜론, 토마토(녹숙)	감자, 고구마, 마늘 양파, 호박

표 5-17 채소 작물별 수확한 농산물에서 외기로 수분이 증발되는 정도를 나타내는 수분증산계수 비교

증산계수 (ng/kg/s/Pa)				
100 이하	100~500	500~1,000	1,000~3,000	3,000 이상
감자, 양파	양배추, 오이, 토마토	가지, 당근, 딸기	무, 샐러리, 아스파라거스	상추, 시금치

* ng/kg/s/Pa: 식물체 1kg을 대상으로 1초 동안 1파스칼의 기압차에서 발생되는 수분증산량

온도 저하는,

① 호흡과 증산의 감소를 통해 품질 변화를 지연시킴으로써 유통기한을 연장시키고,

② 손실을 줄이는 한편,

③ 예냉 후 저장하는 경우에는 저장 초기의 온도 저하를 빠르게 함으로써 저장기간을 연장시킬 수 있다.

예시) 만약 아스파라거스 생산시점에 외기 온도가 또는 품온이 30℃이고 10℃에 저장할 경우에, 아스파라거스는 품질변화 민감도가 매우 높고 온도차도 20℃이므로 예냉 우선 순위가 2이 되며(표 5-18), 수분증산계수는 약 1,200ng/kg/s/Pa이고, 예냉은 2시간 이내에 처리해야 한다(표 5-19).

표 5-18 수확시 품온과 저장 및 유통 온도 차이에 따른 품질변화 민감도와 온도차에 따른 예냉 우선 순위

온도차	품질변화 민감도에 따른 품목군			
	매우 높음	높음	보통	낮음
0~5℃	7	10	13	16
5~12℃	4	8	11	15
12~25℃	2	5	9	14
25℃ 이상	1	3	6	12

* 온도차: 수확시 작물의 품온과 적정 저장 및 유통 취급 온도의 차이
* 예냉 우선 순위: 숫자가 낮을수록 우선적으로 예냉 필요

표 5-19 농산물의 품질변화 민감도와 온도차에 따른 예냉까지 최대 지연시간

온도차	품질변화 민감도에 따른 품목군			
	매우 높음	높음	보통	낮음
0~5℃	4시간	8시간	18시간	36시간
5~12℃	3시간	5시간	12시간	24시간
12~25℃	2시간	3시간	8시간	18시간
25℃ 이상	1시간	2시간	4시간	12시간

* 온도차: 수확시 작물의 품온과 적정 저장 및 유통 취급 온도의 차이

(1) 예냉 기술의 유형과 장단점

온도를 저하시키는 매체나 방법에 따라 통풍식, 수냉식, 그리고 진공식이 있으며 품목에 따라 가장 효율적인 예냉 방법을 선택한다(표 5-20). 엽채류는 진공예냉방식이 가장 효과가 우수하지만 경제성과 작업 효율성을 감안할 때 국내에서는 강제통풍식이나 차압통식을 활용하며, 차압통풍식이 효과와 효율면에서 적극 추천되고 있다. 통풍식 예냉을 위해서는 적정 통기구가 확보된 포장상자를 이용한다.

표 5-20 예냉 방식별 장단점

<table>
<tr><th colspan="2">예냉 방식</th><th>장점</th><th>단점</th><th>적용 가능성</th></tr>
<tr><td rowspan="2">통풍식</td><td>강제통풍</td><td>- 설치비 저렴
- 모든 품목 적용 가능
- 운전 조작 간편
- 저장 시설 이용 가능</td><td>- 냉각이 불균일
- 예냉시간이 길다.
(12~20시간)</td><td>- 농가용
- 소규모
- 모든 품목 적용</td></tr>
<tr><td>차압통풍</td><td>- 설치비: 비교적 저렴
- 모든 품목 예냉 가능
- 예냉시간 단축</td><td>- 강제통풍식에 비해 설치비 1.5배
- 적재에 노력 요구됨
- 바람에 노출된 부위 수분손실</td><td>- 중, 소규모
- 진공식, 수냉식에 부적합한 품목에 적용
- 포도, 엽채류 등</td></tr>
<tr><td colspan="2">수냉식</td><td>- 설치비: 비교적 저렴
- 예냉시간 비교적 짧음
(1시간 이내)
- 세척 병행 가능</td><td>- 일부 품목 한정
- 부패 발생 우려
- 물 사용 비용 발생</td><td>- 중, 소규모
- 육질 강한 품목
- 사과, 토마토 등</td></tr>
<tr><td colspan="2">진공식</td><td>- 시간 단축: 20~40분
- 신선도 유지에 최적
- 규모 조정 가능
- 소규모 시설 이동 용이</td><td>- 설치비 고가
- 적용 품목이 한정됨
- 별도의 보냉시설 필요
- 3~5% 중량 감소</td><td>- 엽채류 최적
- 과일, 과채류: 냉각효율 떨어짐
- 주산단지 공동이용</td></tr>
</table>

(2) 예냉의 효율

목표 예냉온도는 예냉에 소요되는 시간을 고려하여 결정한다. 보편적으로 냉매의 온도와 생산물 온도 차이의 7/8 수준까지가 경제적인 예냉 완료점이다. 차압통풍식 예냉 효율은 3~6시간 이내에 목표 온도(4~5℃)에 도달하도록 기기

설계가 되어야 한다. 진공식의 경우, 예냉 효율은 30분~1시간 이내에 목표 온도에 도달하여야 한다.

(3) **통풍식 예냉을 위해 필요한 사전 준비**

① 선별 후 온도를 낮춤으로서 유통과정 중 품 질유지 효과를 높일 수 있음.
② 포장한 상태에서 찬바람에 의해 과일 품온이 떨어지려면 찬 바람이 포장박스 내부로 쉽게 흘러 들어가는 통기구가 있어야 함(그림 5-10).
③ 통기구는 박스 측면 면적의 5%가 적합.

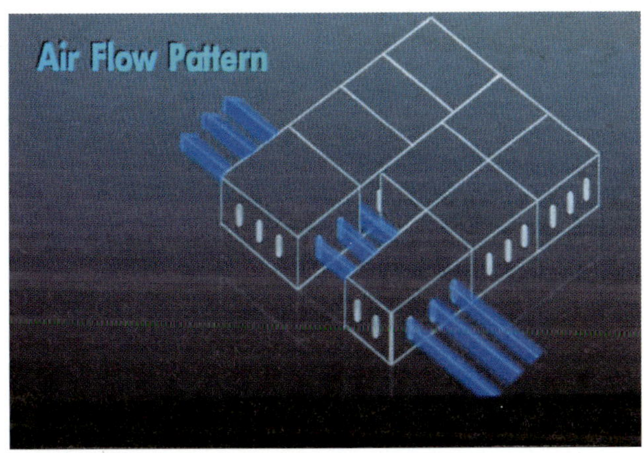

그림 5-10 박스 내부로의 공기유입 패턴

차압식 예냉은 품목에 따라 적정 조건이 필요한데, 온도와 함께 농산물에 직접 영향을 주는 풍량이 중요하다(표 5-21). 풍량과 함께 포장상자의 개공률이 중요한데, 상자의 구멍은 찬공기의 유입을 도와 예냉 속도를 높일 뿐만 아니라 아스파라거스의 호흡열과 에틸렌 등 유해가스를 배출하는 역할을 한다. 아래는 강제송풍 중 개공률에 따른 온도 변화를 나타낸 것이다(그림 5-11). 그림과 같이 개공률이 높을수록 냉각속도가 빨리지나, 종이 상자는 개공률이 너무 높을 경우 적재시 상자가 무너지는 경우도 있어 상자 강도에도 유의해야 한다. 개공률 20%에 가까운 아스파라거스 수출용 상자는 플라스틱 재질로 되어 있다.

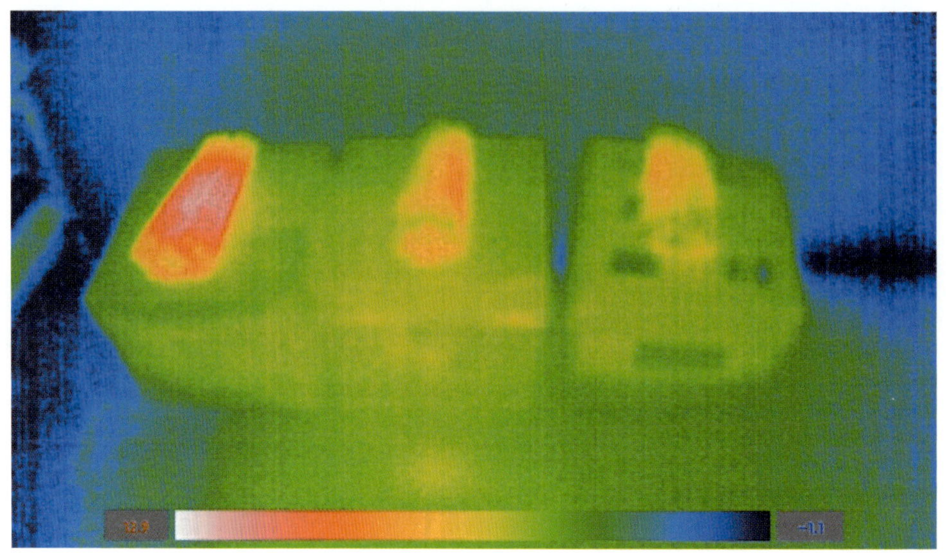

그림 5-11 강제송풍 중 개공률 5% 미만(왼쪽), 12%(가운데), 그리고 20%(오른쪽)에 따른 온도 변화

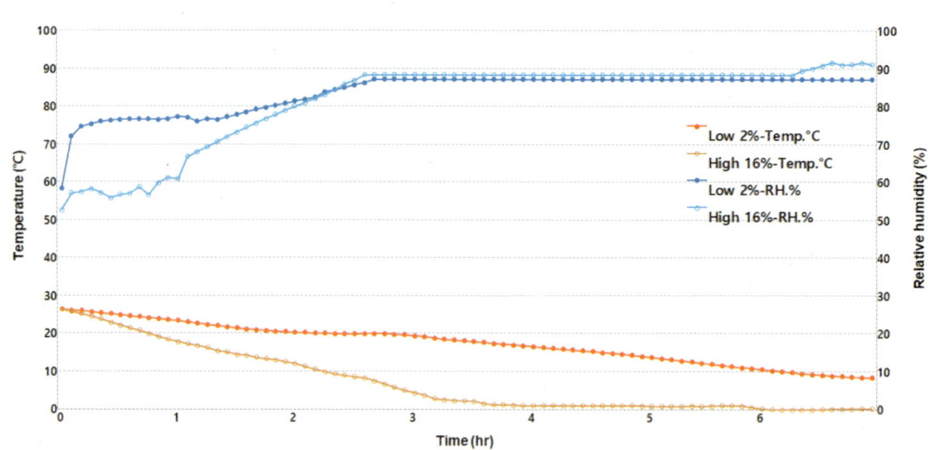

그림 5-12 강제송풍 중 5% 이하(Low)와 20%(High)의 개공률 차이에 따른 온도 및 습도 변화

표 5-21 몇 가지 채소작물에 대한 차압 예냉에 필요한 풍량

품질변화 민감도	품목	최대 7/8 냉각 (시간)	kg당 풍량 (m^3/min/kg)	비고
매우 높음	브로콜리, 상추, 시금치, 아스파라거스	1.5	0.12	감모량 주의
높음	딸기, 결구상추	2.5	0.075	감모량 주의
보통	샐러리, 피망	6	0.03	

(3) **품목별 예냉 기술**

품목에 적합한 예냉 기술의 유형을 선택하되 목표 온도는 예냉 후 유통 프로그램(직출하 혹은 저장용)과 당일 처리할 물량에 따라 적정 수준에서 조절한다.

미국에서는 아스파라거스 예냉은 수냉식이 추천되고 있으나, 국내에서 재배된 아스파라거스에 대한 예냉방법은 정확히 보고되어 있지 않다(그림 5-13, 표 5-22). 일반적으로 미국에서 아스파라거스는 강제송풍식도 효과적인 것으로 알려져 있으나, 여름철 국내 재배 환경이 고온다습하고 일조량이 부족하여 이 시기에 생산되는 다른 신선농산물과 마찬가지로 차압식 예냉이 적합하다. 예냉을 4시간 이상 지연시킬 경우 아스파라거스 줄기의 경도가 40%까지 증가하여 조직이 경화되는 증상이 있으므로 예냉 처리는 수확후 최대한 빨리하는 것이 중요하다.

그림 5-13 아스파라거스의 강제통풍식(왼쪽) 및 수냉식 예냉(오른쪽). (CAFAH, 2012)

표 5-22 품목별 적합한 예냉 방식 및 경제적인 예냉 온도(윤홍선, 2009)

품목	예냉방식	목표 온도(℃)	참고 사항
딸기	차압통풍식	4~5	세척 딸기는 수냉식
당근	수냉식	4	세척당근에 한해 적용
배추	차압통풍식, 진공식	4	내부엽 온도 기준
아스파라거스*	수냉식	0~2	세척/선별/포장과정과 연동
양상추	진공식	4	내부엽 온도 기준
파	차압통풍식	2~5	

*아스파라거스는 (USDA, 2016b) 자료

(4) 품질유지를 위한 이산화탄소 처리

딸기는 10~20% 이산화탄소 처리시 곰팡이 균의 번식을 억제하고 세포 간 결속력을 증가시켜 수확시 과실보다 경도가 높아지는 효과를 보이며 저장 및 보관 중 밝은 색택이 유지되고 비타민 C 손실이 방지된다. 아스파라거스는 60% 이산화탄소 처리로 총체벌레 등 해충의 방제에 효과가 있지만, 장시간 고농도 이산화탄소에 노출시 무름증상이 발생하기도 한다(그림 5-14).

그림 5-14 고농도(60%) 이산화탄소를 처리한 아스파라거스의 4일 경과 이후 품질 저하 증상

(5) 에틸렌 제어처리기술

에틸렌 제어기술은 크게 ① 회피, ② 제거 처리, 그리고 ③ 억제 처리기술로 나눌 수 있다. 회피란 적기 수확과 에틸렌 조우 환경의 회피 등을 말하며, 제거 처리는 흡착기기나 분해기기를 이용하여 포장 혹은 저장고 내의 에틸렌 농도를 낮게 유지하는 기술을 말한다. 억제 처리기술은 에틸렌의 생성이나 작용을 억제하는 물질 처리를 의미한다.

저장 품목이나 저장시설에 따라 제거 혹은 분해용 기기를 사용하기도 하지만 최근에는 에틸렌 작용 억제 물질인 1-MCP 처리가 폭넓게 사용된다. 국내에서는 사과에 사용되고 있으며 다른 과일이나 채소에도 적용 사례가 늘고 있다. 1-MCP 처리는 당일 수확하는 것이 바람직하며 늦어도 수확 후 2일 안에 처리하는 것이 효과가 뚜렷하다. 1-MCP는 기체 상태로 확산되므로 밀폐된 공간에서 처리하며, 저장고 단위로 처리할 때는 문이나 기기배관 틈새가 새지 않도록 사전 조치가 필요하다. 100상자 미만 소규모 처리를 할 때는 두꺼운 비닐로 밀폐한 후 처리가 가능하다. 처리 농도는 1ppm 수준이 적합하며(백만분의 1 농도), 20℃에서 12~16시간이 적합하고 처리가 끝난 후에는 환기가 필요하다.

아스파라거스는 에틸렌에 노출되면 리그닌화가 급속하게 진행되기 때문에 이를 에틸렌에 노출되지 않도록 관리해야 하지만, 아직 1-MCP에 처리효과가 유통 현장에서 검증된 사례는 없다. 다만 1ppm 수준의 1-MCP를 상온에서 16시간 처리하였을 때 에틸렌 발생과 호흡이 저하로 외관상 품질이 향상되었다고 하였으나(Zhang 등, 2012), 0.1ppm의 1-MCP 처리(Yoon 등, 2016)나 1ppm 농도(Lee, 2015)에서 에틸렌의 영향을 줄여주는 효과는 있었으나, 외관상 품질에는 차이가 없다고도 하였다. 1-MCP의 아스파라거스에 대한 효과는 크지 않은 것으로 보인다.

2.4 저장

아스파라거스는 신선한 상태의 순을 이용하는 농산물이므로 순이 휘는 요인이 되는 굴지성과 굴광성을 주의해야 한다. 수확 이후부터 저장 및 유통 중, 그리고 소비자에게 판매되는 순간까지 빛이 차단되는 공간에서 용기를 이용하거나 단으로 묶은 상태로 세워서 관리해야 한다(그림 5-15). 또한 미국에서 유통시키는 경우처럼 아스파라거스는 물속에 침지된 상태로 수냉식 예냉을 하거나 세척을 하면 품질저하와 병원균 오염의 원인이 되므로 주의해야 한다.

유럽에서 많이 이용되는 백색 아스파라거스는 4℃ 이하에서 취급하는 것이 바람직하다. 특히, 정단부의 탈수가 심할 수 있어 상대습도가 99% 조건에서 변색 방지를 위해 빛을 차단하여 저장 및 유통시키는 것이 좋다.

그림 5-15 아스파라거스의 아이스박스 포장 및 저온저장

2.4.1 입고 관리

수확후관리 프로그램을 적용하려면 사전에 저장고에 입고될 물량을 정확하게 계산하고 그에 따라 적재 방법을 계획한다. 저장고 바닥에 팔레트가 놓일 위치를 선으로 그어 지게차 작업이 원활하게 이루어지도록 조치한다.

수확한 생산물은 가능하면 당일 저장고로 옮긴다. 수확예상량이 많아 수확기간이 3일 이상 소요될 때에도 저장고 온도를 최종목표 온도로 설정하여 입고 작업을 진행한다. 다만, 저장고 문을 열었을 때 냉기 차단 시설(비닐 커튼과 에어 커튼 등)이 확보되지 않은 소규모 저장고에서는 에너지 비용을 고려하여 5~10℃를 유지하면서 입고 작업을 진행하되 입고가 완료되는 시점에서 설정 온도로 바로 낮추는 방식을 고려할 수 있다. 적재 공간은 냉장기기 가동 시 찬 바람의 통로 확보를 위해 열간 간격은 10~12cm 그리고 측면 벽 공기통로는 15~20cm를 둔다. 긴급 기기 보수나 품질관리를 위한 중앙 통로는 사람이 충분히 드나들 수 있을 정도의 폭을 확보한다.

2.4.2 저장 환경 관리

신선농산물의 품질을 유지하기 위한 저장고 환경은 온도, 상대습도, 그리고 대기 조성으로 구분할 수 있다(그림 5-16).

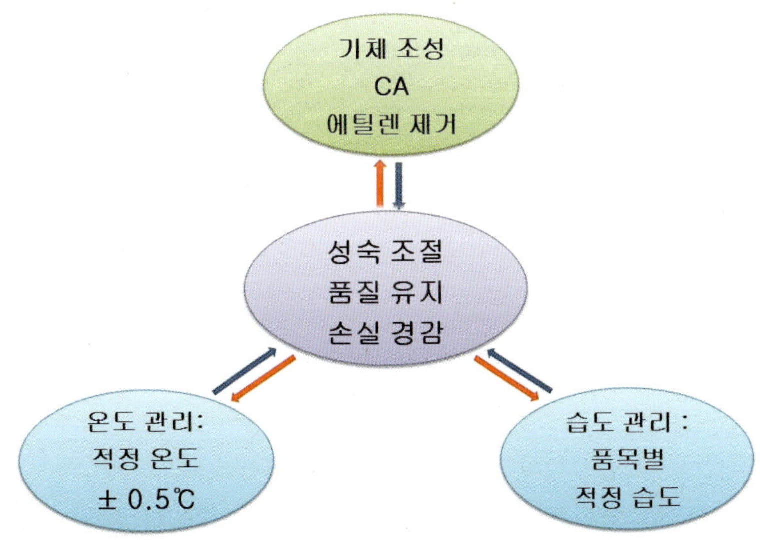

그림 5-16 저장고 관리의 핵심 환경요소.

미국에서 아스파라거스의 적정한 저장조건은 저장온도 0~2℃ 그리고 상대습도 95~100%로 보고되어 있으며, 2~3주간 저장이 가능하며, −0.6℃에서는 동결의 위험이 있으니 주의해야 한다(표 5-23).

표 5-23 주요 신선농산물의 적정 저장 조건(윤홍선, 2009)

품목		적정 온도 및 습도 범위		동결 온도(℃) 또는 저온장해 유발 온도
		온도(℃)	습도(%)	
감자		0.0~4.0	90~95	용도에 따라 차별 적용
고구마		13~14.5℃	85~90	10℃ 10일 후 저온장해
당근		−0.7℃	98~100	−1.4
딸기		0.0~0.5	90~95	−0.7
마늘		−0.5~−1.5	65~75	−0.8(건조 후 −3.0)
배추		0.5~0.0	95~98	−0.7
브로콜리		0.5~ 0.0	95~100	−0.6
아스파라거스		0~2	95~99	−0.6
양파		0.0~−0.5	65~75	−0.8
토마토	녹숙	13℃	90~95	저온장해
	완숙	7~10℃	90~95	
파프리카		8.0~10.0	90~95	10℃ 이하: 저온장해
풋고추		8.0~10.0	90~95	7~13℃ 이하: 저온장해

*동결 온도: 동결이 일어날 수 있는 가장 높은 온도 범위 기준.
마늘의 경우 건조 정도에 따라 0.0 ~ −3.0℃ 범위에서 선택적으로 설정

(1) 설정 온도

대부분의 온대성 작물은 저온장해에 민감하지 않으므로 저장 시에는 동해를 입지 않는 온도 범위에서 온도를 낮출수록 품질유지에 유리하다. 입고가 완료되면 바로 설정온도까지 온도를 떨어뜨린다. 저온장해가 나타나는 열대 및 아열대 원산의 농작물은 저장 또는 보관기간을 고려하여 취급 온도를 장해 유기 온도 범위보다 높게 설정한다(그림 5-17, 표 5-24).

아스파라거스는 저온에서 저장 및 유통 시키는 작물이지만 0℃에 10일 정도 노출시킬 경우 저온장해 증상을 보이는데, 먼저 순의 윤기와 광택이 나빠지고 정단 끝 부위가 회색으로 변하기 시작하고, 점차 신선도가 떨어져 순이 쳐지고 위조 증상을 보이며, 심해지면 정단 부위에 검은 반점이나 줄무늬가 발현된다. 아스파라거스는 일반 대기 중에서 적정온도에 저장하여도 쉽게 상하는 부패성이 높은 작물이므로 적정 유통기간을 지키는 것이 좋다(표 5-25)

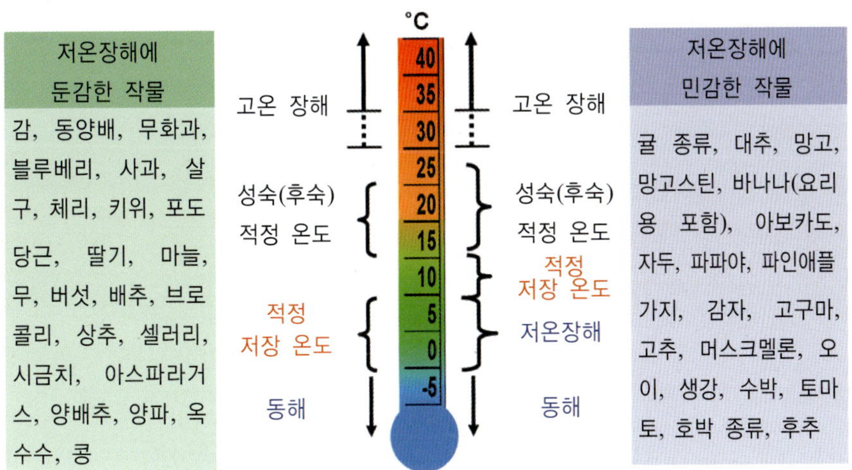

그림 5-17 저온장해 감응도에 따른 작물 구분과 온도에 따른 반응의 차이

표 5-24 저온장해에 민감한 작물과 각종 증상

복숭아	0~4℃에서 장기저장시 저온장해 → 과육의 스펀지 현상(woolliness)
밀감	4℃ 이하 장기저장시 표피 조직 붕괴 및 부패 증가
박과 채소 (오이, 호박, 수박 등)	8~12℃ 이하에서 4주 이상 저장 → 과육 붕괴 및 탈색
가지과 채소 (가지, 고추, 파프리카, 토마토, 감자 등)	12℃ 이하에서 장기저장시 과육 붕괴, 종자 갈변. 감자는 4℃ 이하 장기저장시 내부 갈변 우려가 있음.

표 5-25 일반 공기 조성하에서 적정 온습도 조건으로 저장시 상품성 유지와 관련된 채소의 부패성 비교

상대적 부패성	저장가능 기간 (주)	품목
매우 낮음	16 이상	건조 채소
낮음	8~16	감자(성숙), 고구마, 마늘
보통	4~8	감자(미숙), 당근, 무
높음	2~4	가지, 결구상추, 양배추, 토마토(성숙), 후추
매우 높음	2	시금치, 신선편이 채소, 아스파라거스, 잎상추, 토마토(완숙), 파

(2) 저장고 내 온도 측정의 기준

저장고 내 온도의 기준을 어디에 둘 것인가를 결정하여 작물에 따른 적정온도를 유지해 주어야 한다. 저장고 내 위치별로 온도의 차이가 나타나므로 어느 위치의 온도계를 기준으로 온도감지를 하느냐에 따라 실제로 냉장기기의 작동을 제어하는 온도 설정이 달라진다.

가장 정확한 온도는 저장하고 있는 작물의 품온을 확인하는 방법이다. 즉, 작물 내부에 온도계를 꽂아 생산물의 실제 온도(품온)를 확인하여 저장고 내 온도를 조절하는 것이 가장 안전하다. 그러나 수시로 저장고에 들어가서 온도를 확인하기는 어려우므로 출입구에 샘플을 정해두고 확인하면서 저장고내 공기의 온도와 생산물의 품온과의 관계를 확인하여 경험적으로 온도를 설정하는 지속적인 관찰과 조정이 필요하다.

또한 저장고 내의 온도를 표시하는 냉장기기 컨트롤 박스의 온도 표시기는 경우에 따라 오작동이 일어날 수 있으므로 저장고 내에 온도계를 여러 군데 설치하여 수시로 온도를 확인하는 것이 바람직하다.

(3) 온도 변화(편차)의 범위

적정온도보다 낮은 저온은 저온장해나 동해를 일으키는 반면 적정온도보다 높은 온도는 저장기간을 단축시킨다. 저장고 내 온도는 적정 설정온도에서 ±0.5를 벗어나지 않는 선에서 조절되는 것이 바람직하다.

저장고 위치별 온도 편차는 가장 온도가 높은 지점(유닛쿨러 뒤)과 저장고 상부 중간 지점(찬바람이 나오는 방향)의 온도편차가 0.8℃ 이내로 유지되어야 한다.

저장고 내 온도 분포를 보면 그림 5-18의 냉각기 바로 앞 ① 위치는 저장고 내 가장 온도가 낮은 위치이므로 이곳의 온도가 농산물의 동결점보다 낮으면 동해를 입게 된다. 따라서 냉각기 앞으로 불어나오는 바람의 온도는 동결점보다 높아야 하고 저장실 중앙 및 냉각기 반대편(③의 위치)의 온도 차이가 1℃가 넘지 않도록 온도분포가 이루어져야 한다(그림 5-18). 저장고 높이가 6~7m

인 경우 상하의 온도 편차는 대략 2℃ 정도를 보이기도 한다. 저장고 위치별 온도편차가 1℃ 이상일 때는 찬 공기의 순환이 제대로 이루어지지 못하기 때문으로, 바람의 통로가 확보되어 있지 않거나 송풍량 부족이 원인이다.

저장 설비의 오류, 냉장용량 부족, 과다 적재로 인한 공기통로 부족, 그리고 온도관리 부주의 등으로 온도 편차가 커지면 저장고 내 상대습도의 변화도 커지고 저장력이 떨어지게 된다.

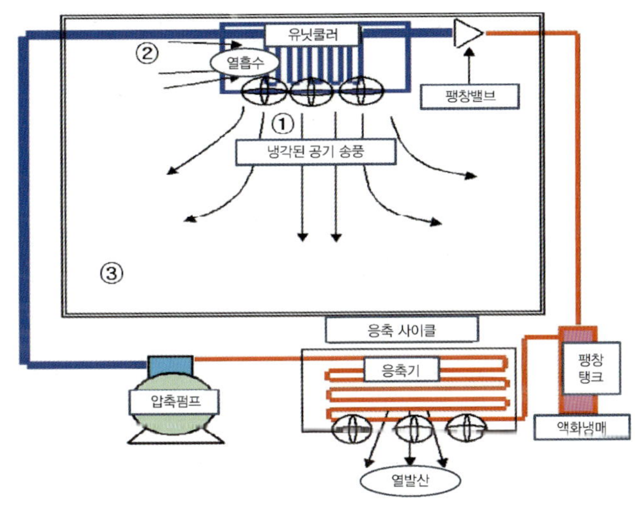

① **냉각기(쿨러) 앞**: 온도 가장 낮음
② **저장고 공기가 순환된 후 돌아가는 곳**: 온도 가장 높음
③ **쿨러에서 나온 공기가 통로를 타고 오는 곳**: 일반적으로 평균 온도

그림 5-18 저장실 내 위치별 온도 차이.

(4) 정확한 온도 측정 도구의 사용

대형 냉장 기기의 정밀한 온습도 제어를 위해 컴퓨터를 이용한 제어 프로그램이 필요하다. 특히, 시간대 별로 기기 작동을 제어한다거나 제상 시간을 조절하고 불필요한 송풍기와 압축기의 사용은 전력 수요가 많은 시간대에는 꺼줌으로써 전기요금을 줄일 수 있다. 저장고 내 정밀한 온도 제어를 위해서는 무엇보다도 믿을 만한 온도계가 필요하다. 최근에 설치된 대부분의 냉장 기기는 저장고 내 온도 감지에 의해 자동으로 기기 작동이 조절되도록 설비되어 있으므로 특히 온도감응장치의 정확성이 요구된다. 따라서 저장고에는 2~3개의 온도계를 부착시켜 수시로 측정치를 비교함으로써 이상이 있을 시는 온도 보정을 해 주어야 한다.

(5) 저장고 습도 관리

과일은 보통 90~95% 그리고 채소는 95~100% 수준을 유지한다. 단, 건조 치유 과정을 거치는 마늘과 양파는 예외적으로 낮은 상대습도(65~75%)를 유지한다.

높은 상대습도를 유지하기 위해서는 냉장용량이 충분하고 표면적이 큰 냉각기가 유리하다. 직접팽창식 냉장방식보다 간접냉장방식(브라인 식)이 습도유지에 유리하며, 필요한 경우 가습장치를 이용한다(표 5-26).

표 5-26 저장 전후 습도 관리

저장 전	- 바닥에 충분히 물을 뿌려 콘크리트 바닥의 수분 탈취 최소화 - 저장고로 입고되는 용기는 가능하면 수분 흡수가 적은 것 이용 → 나무상자나 골판지 상자는 저장 전에 대체로 건조한 상태에서 입고되기 때문에 입고 초기에 생산물로부터 많은 수분 탈취가 일어나는 원인이 됨
저장 중	- 가습기를 이용하여 인위적으로 상대습도를 높임 - 분무 입자가 적을수록 효율적이고 수분 응결을 막을 수 있음 - 가습기의 용량: 일반적으로 4L/시간/Ton(95% 유지): 저장고 내부 습도 상태를 관찰하면서 가습량과 시간을 조절

2.4.3 온습도 데이터 관리

저장고 가동 중에 온도와 습도 환경 관리는 저장고 안에 비치된 온도계를 확인하거나 저장고 내부에 비치된 디지털 온도계의 자료를 컴퓨터나 컨트롤 판넬(control panel)에서 확인하여 적정 수준에 맞도록 바로 바로 조절해 나갈 수 있다. 한편 저장기간이 완료된 후 저장 상품의 품질과 저장 환경 간 연관성을 분석하기 위해서는 저장 기간 전반에 걸쳐 기록된 데이터가 필요하다. 이를 위해 사용되는 것이 온습도 데이터 기록계측기(data logger)이다. 온습도 데이터 기록계는 저장고 내부에 비치해 두고 실시간으로 데이터를 받거나 일정 기간 후 한꺼번에 데이터를 옮겨 받을 수 있어서 저장 상품의 품질에 이상이 있을 경우 저장고 환경과의 연관성을 추적하는 자료로 활용할 수 있다(그림 5-19).

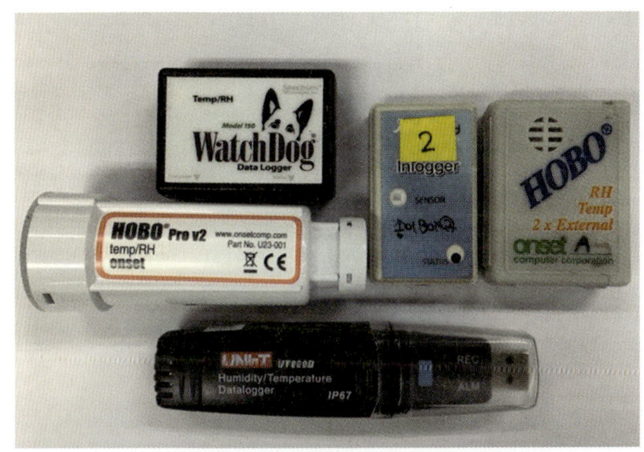

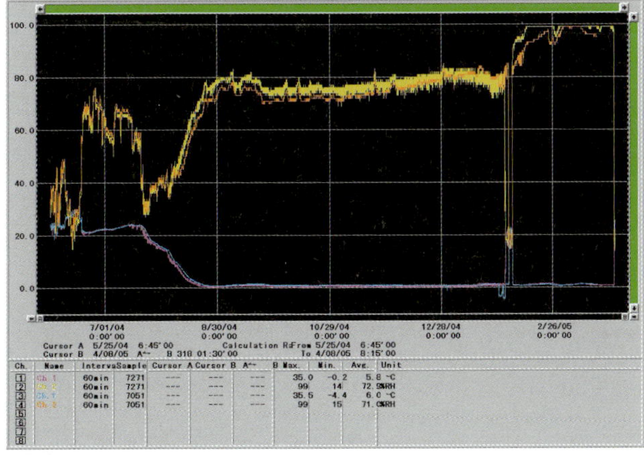

그림 5-19 자동기록 디지털 온도계(data logger)를 활용한 온습도 데이터 관리

2.4.4 신선농산물의 적정저장 온습도 및 동결 온도

저온장해를 받지 않는 품목은 동결 온도를 감안하여 저장 온도를 낮출수록 품질유지에 유리하지만, 저온장해가 우려되는 작물은 12~13℃를 기준으로 하되 저장기간(운송 및 유통기간 포함)을 고려하여 결정한다.

2.4.5 CA 및 MA 저장

CA란 controlled atmosphere의 약자로서 CA 저장은 기존의 저온저장 방식의 온도 및 습도 조절과 함께 저장고 밀폐된 공간 내의 가스 조성을 기계나 화학적 방식을 이용하여 인위적으로 정밀하게 바꾸어 주는 저장 기술이다. 한편 CA 저장과 유사한 개념으로 사용되는 MA(modified atmosphere) 저장의 경우 인위적인 가스 농도 조절 없이 생산물의 호흡과 밀봉 재료에 따라 자연적으로 가스 농도가 변화함을 이용하는 방식을 말한다. 국내에서는 CA나 MA의 구분을 두지 않고 환경조절 저장이라고 불리고 있다.

CA 저장은 생산물의 대사작용을 억제함으로써 품질 저하를 지연시키며, 맛을 결정하는 가장 중요한 요인인 경도와 당 및 산함량 감소를 억제하고, 병충해 피해를 감소시키는 효과가 있어 유통 중 품질 변화가 적고 손실이 적어 유통 기간이 연장된다는 점이다.

아스파라거스는 5~10% CO_2 조건에서는 부패를 억제하고 조직의 경화를 지연시킨다. 2% 이하의 O_2 조건에서 이취 발생과 변색이 진행되므로 피해야 한다. 해충 방제를 위해 5℃에서 40~60% CO_2 처리를 할 경우 저장 4일까지는 식미에 영향을 주지 않는 것으로 보고되어 있다. MA 포장에도 응용되는 아스파라거스에 CA 저장에 대한 산소와 이산화탄소의 기체 조성은 상황에 따라 다소 차이가 있어 2℃에 저장시 산소는 일반 대기 중의 농도인 21% 그리고 이산화탄소는 10~14%로 보고된 경우도 있으나 일반적으로 장기저장시 이산화탄소의 한계 농도는 10%로 알려져 있다. 또한 산소의 농도를 2% 정도까지 낮춰도 된다는 연구결과도 있지만 아스파라거스의 특성상 농도를 너무 낮추는 것은 유통중 오히려 품질을 저하시키는 요인이 될 수 있다. 아스파라거스 저장 시 산소의 농도는 5% 수준까지는 낮추는 것이 유리하며, 이산화탄소의 농도는 5~10% 수준으로 맞추는 것이 좋다(표 5-27).

표 5-27 주요 채소의 표준 CA 저장 조건(Kader, 1992)

작물	적정 CA 범위 (% O_2 + % CO_2)	온도 범위 (℃)	산소 최소 한계 농도	이산화탄소 최대 한계농도
결구상추	1.0~3.0% + 0% (2~3)	0~5	0.5%	2.0%
딸기	5~10% + 15~20%	0~5	2.0%	25.0%
버섯	20% + 10~15%	0~5	0.5%	20.0%
브로콜리	1.0% + 10~15%	0~5	0.5%	15.0%
아스파라거스	2~10% + 5~10% 또는 10~20% + 5~10%	0~5	5.0%	10.0%
양배추	2.5~5.0% + 2.5~5.0%	0~5	2.0%	10.0%

MA 저장은 크게 폴리에틸렌 등 플라스틱 필름을 이용하여 과실이나 채소 등을 밀봉함으로써 필름 봉지 내 대기조성의 변화 효과를 보는 필름 포장과 과실 표면에 왁스 등의 피막제를 처리하여 수증기 등 가스 확산을 억제하는 표면 도포 방식의 두 가지 형태로 볼 수 있다. 필름 포장이나 피막제 처리는 일차적으로 수분의 이동을 억제함으로써 증산이 감소하여 과실이나 채소류의 표면 위축현상을 지연시킨다. 또한 필름 포장은 저온장해와 고온 장해에 민감한 과실류의 장해 발생 감소에 효과적이다. 적절한 필름을 이용하여 개별 포장한 농산물은 물리적 손상이 적어지므로 표피 변색을 예방할 수 있다. 필름과 피막제 처리는 농산물 주변과 농산물 내부의 산소 농도의 감소와 이산화탄소의 증가를 유기하여 궁극적으로 조직 연화 등 노화현상을 지연시킨다.

포장재는 생산물의 종류에 따라 산소와 이산화탄소의 적정 농도가 다르고 밀봉한 포장내의 산소와 이산화탄소 농도는 조절이 불가능하므로 생산물에 따라 알맞은 포장재질을 선택하는 것이 중요하다. 작물과 품종에 다라 저산소와 고이산화탄소 장해가 발생하는 한계 농도가 다르므로 정확한 정보에 따른 농도 조절이 필요하다. 아스파라거스는 산소투과도가 조절되는 oxygen transmission rate (OTR) 필름으로 포장하였을 때, 산소투과도가 10,000cc·m²·day·atm 필름에서 포장하여 MA 저장하면 기존의 관행 저장 방법보다 10일 이상의 장기 저장이 가능하다(그림 5-20)(Yoon 등, 2017).

그림 5-20 4℃에서 40일 동안 일반 저장(왼쪽)과 10,000cc·m²·day·atm 필름으로 MA 저장(오른쪽)한 아스파라거스의 품질 비교

2.4.5 저장한계기간 설정

저장한계기간이란, 일정기간 저장 후 유통기간을 거쳐 소비자에게 도달할 때까지 품질이 적합하게 유지될 수 있는 저장가능 기간을 뜻한다. 저장한계기간은 저장 직후의 품질을 기준으로 하는 것이 아니라 유통조건(온도 및 기간)에 따른 품질변화를 포함하여 저장기간을 결정한다.

기간은 저장기술(저온저장 및 CA 저장 등)과 저장 후 유통환경(저온유통과 상온유통 등)에 따라 달라진다. 실제로 소비자가 느끼는 품질은 주관적인 관능에 따라 좋고 나쁜 정도로서 표현되며, 많은 경우 단맛, 신맛, 그리고 조직감 등 개별적인 관능보다는 이들 관능이 복합적으로 작용하여 나타나는 종합적인 식미로서 평가한다. 따라서 저장과 유통기간은 품질(식미)과 함께 손실 발생을 고려하여 결정한다.

2.5 상품화

2.5.1 상품화 기술

상품화 기술에는 상품성 향상, 규격화, 그리고 등급화에 관련된 기술을 말한다. 상품화 기술 중 선별은 당도, 무게, 색 및 형상 등이 이용되며 포장 기술이 포함된다. 상품성 향상을 위한 기술로는 세척, 살균, 다듬기, 자르기, 박피, 탈삽, 그리고 후숙 등이 있다. 아스파라거스를 수확후 세척 또는 수냉식 예냉을 하는 미국의 경우, 세척 단계는 식물조직이 물러지거나 병원균의 침투를 용이하게 하는 환경이므로 유통 중 상품성 유지를 위해 살균, 건조, 그리고 다듬기 등의 과정이 매우 중요하다.

2.5.2 선별장 환경관리

(1) 선별장 작업과정에서 발생하는 문제점

저온저장실에서 꺼낸 생산물의 선별작업시 표면에 물방울이 맺히는 결로현상이 발생한다. 결로현상은 선별작업의 효율을 떨어뜨리고 물이 묻은 상태로 재포장하면 부패가 발생하고 품질의 변화가 빠르게 진행될 우려가 크다. 육안이나 특히 비파괴선별시 농산물 표면의 물방울은 선별의 정확도를 떨어뜨리는 요인으로 작용한다.

(2) 결로현상을 피하는 선별장 온도 및 습도 관리

결로현상은 선별장의 온도와 습도가 높을수록 심하게 발생한다. 결로현상을 피하기 위해서는 작물의 온도를 올리거나 선과장의 온도를 낮게 유지한다(표 5-28).

표 5-28 선별장의 온도와 기상 조건에 따른 수분 응결 온도

선별장 온도(℃)	예상 습도*(%)	수분응결이 생기지 않는 과일 온도(℃)
10	50(맑은 날)	0~1
	80(흐린 날)	7
15	50(맑은 날)	5
	80(흐린 날)	12
20	50(맑은 날)	9.5
	80(흐린 날)	16.5

*맑은 날 상대습도는 50%, 흐리거나 비오는 날 상대습도는 80%로 가정.

1~2월에는 바깥 기온 자체가 낮아 선별장의 온도도 낮고 습도도 낮은 편이라 큰 문제가 발생하지 않으나 3월 이후 출하하는 농산물의 선별작업 시에는 기온이 높아지므로 저온 선별장이 필요하다. 선별장의 온도와 상대습도가 낮을수록 물방울이 맺히는 현상을 피할 수 있으므로 가능하면 선별장의 온도는 낮게 유지하고 상대습도가 낮은 맑은 날에 선별 및 재작업을 하는 것이 좋다. 기본적으로 저장과 유통 그리고 출하 단계에서 각 단계로 옮겨지는 과정 중에 농산물의 온도와 외기 온도의 차이가 8℃ 이하가 되도록 관리하는 것이 중요하다. 온도 차이를 8℃ 이하로 줄일 수 없는 경우는 농산물의 표면에 물방울이 맺히게 하는 과포화 상태의 수분을 제거해 줄 수 있는 통풍장치의 이용이나, 출고를 건조하고 시원 바람을 부는 이른 새벽에 하는 등 수확후관리 시간대 조정 등을 고려해 보아야한다.

(3) 저온 선별장의 필요

결로현상뿐 아니라 예냉 후 선별작업으로 이어지는 자동화 선별장에서는 저온에서 작업이 이루어져야 품질유지 효과를 볼 수 있다. 수분응결을 막기 위해서는 선별장의 온도와 날씨(습도)에 따라 농산물의 온도를 적절히 올려주는 농산물의 품온 관리가 중요하다.

(4) 선별의 신뢰성과 효율성

선별은 개인 농가에서 이용하는 소규모의 간이선별기와 공동출하를 목적으로 한 대규격의 자동선별기 등이 활용되지만 최종 목적은 상품에 대한 소비자의 신뢰 확보와 작업효율의 증대를 위해 자동화가 필수이다. 아스파라거스는 선별장에서 등급, 선별, 그리고 포장 과정 전에 불필요한 조직의 제거를 위한 정선 작업이 이루어지고 있다. 최근 소비자에게 고급채소로 인정받기 시작한 아스파라거스는 개별 농가, 작목반, 공동출하조직 등이 공통으로 활용할 수 있는 무게, 크기, 외관, 색택 등의 품질인자에 대한 표준 선별 조건을 정립할 필요가 있다(그림 5-21).

그림 5-21 국내(왼쪽)와 미국(오른쪽)의 선별기를 이용한 아스파라거스의 분류

2.5.3 품질표준화

(1) 품질표준화

신선 아스파라거스는 수분함량이 93% 정도이며 다양한 미네랄과 비타민이 다량 함유되어 있는 경채류이다(표 5-29). 아스파라거스를 유통시킬 때 품질을 결정하는 중요한 요인은 순의 길이와 두께, 정단 부위의 뭉쳐진 정도, 그리고 일부 지역에서는 순의 기부에 백색 부위의 길이 등이다(표 5-30). 미국에서는 순의 지름이 두꺼우면 얇은 순보다 섬유질이 상대적으로 적어 품질이 우수한 것으로 간주한다.

표 5-29 신선 아스파라거스의 주요 성분 및 함량(USDA, 2016a)

성분	수분 (%)	열량 (Kcal)	단백질 (g)	지방 (g)	탄수화물 (g)	섬유질 (g)	당 (g)
함량	93.3	20	2.2	0.1	3.9	2.1	1.9

성분	미네랄 (mg)						
	칼슘	철분	마그네슘	인	칼륨	나트륨	아연
함량	24	2.1	14	52	202	2	0.5

성분	비타민 (mg)						비타민 (ug)		
	C	B_1	B_2	B_3	B_6	E	A	B_9	K
함량	5.6	0.14	0.14	0.98	0.09	1.1	38	52	42

표 5-30 아스파라거스의 상품성을 결정하는 품질 판단 요인(Kader, 1992)

품질 요인		기준
신선도와 정선		수확할 당시의 신선도 유지 여부와 다듬은 정도
순	길이	순의 상태에 따라 23~28cm 또는 10~25cm (정선된 순의 US 표준 길이: 18~25cm) 일반적으로 23cm 이상을 요구함
	두께	1.0cm 이상 (US No 1) 0.8cm 이상 (US No 2)
순 정단 부위 형상		퍼지지 않고 뭉쳐져 있는 상태
녹색 정도와 녹색 부위		암녹색 정도(그린 아스파라거스) 순의 2/3가 녹색 (US No 1) 순의 1/2 이상이 녹색 (US No 2)
순의 조직감과 명도		부드러운 정도와 윤기
순의 직립성		구부러지지 않고 바른 정도(특히, 굴지성에 의한)
상처와 오염		반점, 결점, 오염, 상처, 해충 피해 등이 없는 것
백색 부위의 길이(일부 지역)		기부에 백색 부위의 길이가 최대 2cm 이내

상품의 규격화 혹은 표준화는 거래시 판단을 용이하게 하여 시장 유통 질서를 바로잡고 품질과 가격에 대한 생산자 — 소비자 — 통업자 간의 분쟁을 해결시키는 기능을 발휘한다. 또한 생산자는 자신이 생산한 상품과 다른 생산자의 상품에 대한 품질 차이를 명확히 인식함으로써 생산 기술의 향상을 위한 척도로 이용할 수 있다. 국내 농산물 품질규격은 등급규격과 포장 규격이 제시되어 있다(표 5-31).

표 5-31 농산물의 표준 거래 단위(예시)

품 목	표준 거래 단위
결구배추, 양배추	2~6포기
마늘	5kg, 10kg, 15kg, 50개, 100개
사과	5kg, 7.5kg, 10kg, 15kg
아스파라거스	1kg, 5kg, (6kg), 10kg, 15kg
양파	5kg, 10kg, 15kg, 20kg
풋고추	5kg, 10kg, 20kg

아스파라거스는 국립농산물품질관리원의 신선편이 농산물에 사용되는 원료 농산물의 분류에서 채소류 중 엽경채류로 포함은 되어 있으나, 농산물표준규격은 아직 제시되어 있지 않다. 아스파라거스 유통은 내수와 함께 일본 수출이 주요한 판매처이며 따라서 미국과 일본의 출하 규격에 준하여 선별하고 있다. 아스파라거스 규격은 5등급으로 구분되며, 순의 직경을 기준으로 두꺼운 것이 1등급이고 그보다 가는 것 순으로 2~5등급으로 선별된다. 일본 수출용은 3등급을 선호하며, 국내 시장에서도 2~3등급을 가장 선호한다. 규격은 순의 무게에 따라 특대(LL)는 33g 이상, 대(L)는 33~20g, 중(M)은 20~13g, 소(S)는 13~8g, 그리고 비상품(SS)는 8g 이하로 구분한다(그림 5-22)

1	LL (+33g)	
2	L (33~20g)	
3	M (20~13g)	
4	S (13~8g)	
5	SS (-8g)	

그림 5-22 그린 아스파라거스의 순 굵기에 따른 등급(왼쪽부터 1, 2, 3, 4, 5등급)

(2) 표준 출하 등급 규격

국내의 농산물 등급은 고르기(균일도), 색택, 신선도 및 결점 정도를 고려하여 '특', '상', 그리고 '보통'의 세 가지 분류를 원칙으로 한다. 생산물의 크기는 무게나 길이에 따라 다시 3L, 2L, L, M, S, 2S, 그리고 3S 등으로 구분되는데, 품목에 따라 구분하는 구간이 다르다. 결점은 모양이 좋지 않거나, 농약 피해 등으로 외관이 떨어지는 것, 표피에 병해충의 피해 및 상처 등이 있는 것, 그리고 기타 결점의 정도가 경미한 것으로 세부지침을 제시하고 있다.

(3) 포장 규격

포장 규격이라 함은 표준 거래 단위에 따른 포장 치수, 포장 재료, 포장 방법 및 표시사항 등을 말한다. 아스파라거스의 출하는 1~10kg 포장으로 하며, 소포장은 1kg 단위로 묶어 플라스틱이나 스티로폼 상자에 담아 5~15kg 단위로 하여 출하한다(그림 5-23).

① 겉포장

포장은 한국산업규격(KS T 1002)에서 정한 수송포장 치수에 맞아야 하며, 골판지 상자, 발포폴리스티렌 상자, 그리고 포대 등 품목에 맞는 다한한 소재의 사용이 가능하다. 기본적으로 T-11형 파렛트(1,100×1,100mm)의 평면 적재 효율이 90% 이상인 것으로 정하고 있으며 상자의 높이는 농산물의 포장이 가능한 적정 높이로 되어 있다.

② 속포장

겉포장 안에 다시 세분화된 단위를 말하며 소분포장이라고도 하며 1개, 2개 및 3개 또는 2kg과 3kg 등 개수나 무게 단위로 구분한다. 속포장은 내용물의 보호성을 높이거나 거래 단위의 편의를 위해 허용된다.

그림 5-23 각각 6kg 규격으로 상부에 아이스팩을 부착한 스티로폼 상자에 담아 태국-대만(위), 그리고 플라스틱 상자에 담아서 일본(아래)에 수출하는 아스파라거스 포장상태

신선농산물의 선도 유지에는 폴리에틸렌, 폴리프로필렌, 폴리스틸렌, 그리고 폴리염화비닐리딘 등 가스 투과성이 비교적 높은 필름이 많이 사용도고 있으며, 장기저장용으로는 폴리에틸렌 필름이 주로 이용되고 있다(표 5-32).

표 5-32 주요 필름 포장재의 종류와 성질

필름 소재	기본 특성 및 기능성	이용
폴리에틸렌	- 고압저밀도(LDPE)와 저압고밀도(HDPE) - 낮은 수증기 투과성과 높은 가스 투과성 - 내열 온도(−50~90℃)가 넓어 이용이 용이	- LDPE는 가장 흔히 이용되는 필름 포장재
폴리프로필렌	- 연신필름(OPP) - LDPE 보다 낮은 수증기 및 가스 투과성 - 높은 투명성 - 계면활성제 처리시 방담 효과가 있는 기능성 필름	- 양상추 - 밀봉 상태의 시금치와 청경채 등 엽채류
폴리스틸렌	발포하여 이용하는 것이 발포스티롤 - LDPE 보다 높은 수증기 및 가스 투과성 방담성 및 투명성	- 신선농산물의 개별 포장재
폴리염화비닐리딘	- PVDC: 가정용 랩 필름 소재 - 낮은 수증기 - 내열성, 수축성, 자기점착성 우수 가스 투과성이 거의 없어 신선농산물 밀봉 포장은 부적합	- 가공식품 포장재

농산물의 선도유지, 방발생 억제, 그리고 호흡률 조절 등의 목적으로 필름에 기능성을 향상시키는 처리를 하며, 가스제어, 방담, 항균성, 후숙 억제, 수분제어, 그리고 마이크로 천공 등 1개 이상의 기능성을 갖춘 필름의 이용이 증가하고 있다.

아스파라거스는 필름 포장시 감모량을 줄이고 호흡률과 증산을 억제시킬 수 있어 저장 및 유통 중에 품질유지를 위한 유용한 수단으로 이용된다. 단, 저장 및 유통 중 밀폐도가 높은 필름을 사용하거나 상온조건에 노출되면 포장내 결로와 호흡률 증가에 따른 상품성의 하락과 함께 부패 속도가 급격히 진행될 수 있으므로 투습도와 가스 투과성이 좋고 방담 기능이 있는 포장재의 선택이 중요하다(그림 5-24).

그림 5-24 국내 및 해외에서 유통되는 아스파라거스 소포장 모습. 네덜란드(Limgroup, 2016, 왼쪽), 한국(가운데), 일본(오른쪽)

③ 의무표시사항

'표준규격품' 문구는 품목, 품종, 산지, 등급, 무게 또는 개수, 생산자 혹은 생산자단체의 이름, 그리고 전화번호 등 7개 항목을 말한다. 당도 및 크기 구분에 따른 호칭(L, M, S 등)은 별도로 표기할 수 있다(그림 5-25).

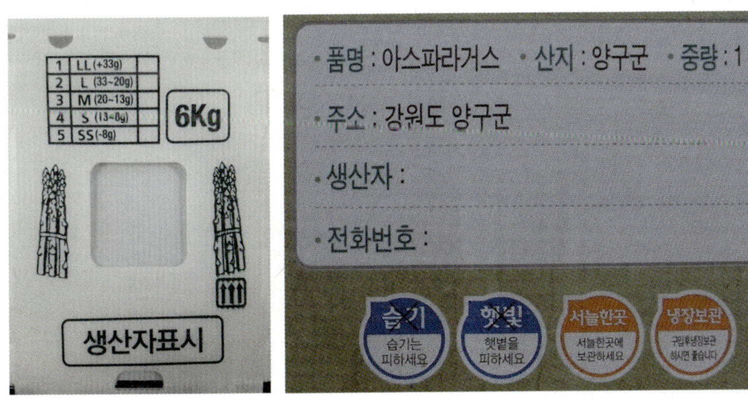

그림 5-25 의무표시사항 예시. 품목, 생산자 또는 생산자 단체의 명칭 및 전화번호는 별도로 표시할 수 있다.

④ 상품화 기술

생활수준이 향상되고 신선농산물의 소비가 증가하면서 품질이 좋은 상품에 대한 시장과 소비자의 요구가 커지고 있다. 다양한 소비자 계층의 요구를 충족시키기 위해서는 그에 적합한 상품화가 이루어져야 한다(그림 5-26). 상품화는 선별, 포장 및 유통으로 이어지며 소비시장의 요구에 따라 고급 상품의 경우 세척 기술이 활용되기도 한다(그림 5-27).

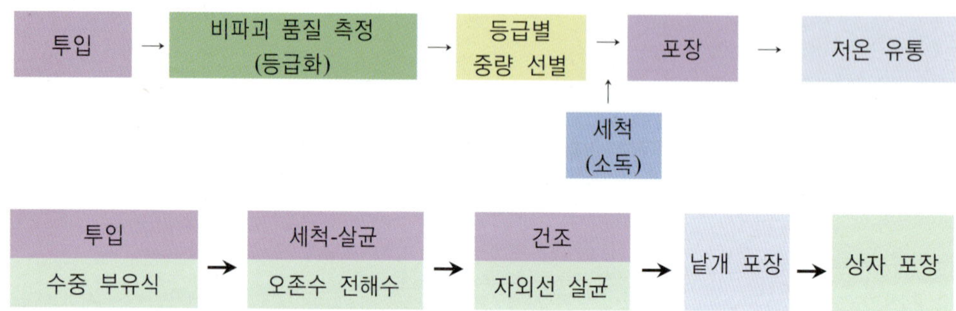

그림 5-26 농산물의 상품화를 위한 기본적인 유통체계와 포장전 세척식 살균단계에 투입되는 수확후 과정 예시

그림 5-27 소비지향적 상품화 과정에서 안전성을 강조하는 세척 및 낱개 포장 기술의 활용 체계도와 상품화

2.6 수송 및 수출 운송 등 유통관리

농산물 저온유통체계는 신선농산물을 저온(보통 7~10℃ 권장)으로 수송하여 신선도를 유지는 것이며, 국내 수송은 냉장 탑차를 활용하고 수출 선적은 냉장 컨테이너를 활용한다. 출하 시간은 상온수송이 불가피할 경우에는 가능하면 외기온이 낮을 때 수송한다. 과도한 적재를 삼가고, 운송 시 진동으로 인한 압상

을 피하기 위해 적절한 완충재가 사용된다. 포장상자를 8~10단 이상으로 쌓을 경우 상자가 찌그러질 위험이 있으므로 압축강도가 충분한 박스가 필요하다. 컨테이너 선적 수출 시, 에틸렌 발생량이 많은 품목과 에틸렌에 민감한 품목의 혼합적재는 반드시 피한다. 저온장해에 민감한 품목은 적정온도가 유지되어야 하므로(품목에 따라 4~12℃) 0℃로 설정하여 선적하는 품목과 같은 컨테이너 사용을 피해야 한다(표 5-33).

아스파라거스는 저장, 특히 유통 중 상온에 노출시 노화 촉진, 조직의 경화 및 풍미의 저하를, 그리고 건조에 의해서는 순의 기부와 정단 부위의 탈수가 조직의 경화와 선도 저하의 원인된다. 따라서 수확후에 아스파라거스의 품질을 유지하기 위해서는 저온 조건에서 취급하며, 탈수를 방지할 수 있는 가습 시설 또는 보습 패드를 이용하는 것이 중요하다. 단, 과도한 가습은 병 발생의 원인이 되므로 주의해야 한다.

표 5-33 저온 유통을 위한 적정 온도 관리 기준

작물	저온장해	한계기간(일)	적정 저장온도(℃)
바나나	12	<1	13
아스파라거스	0	10	4
토마토	0~10	14	8
호박	0~7	8	10

2.7 수확후 손실 분석

2.7.1 손실의 유형

신선농산물은 조직이 연약하고 수분함량이 많아 수확후 손실 발생률이 높다. 품목별로 가장 문제가 되는 손실의 유형을 파악하여 대처하는 지혜가 필요하다(표 5-34).

표 5-34 신선농산물의 수확후 손실 유형

유형	발생 원인	증상
수분 증산	저습도 저장	중량감소, 위조, 탈리
기계적(물리적) 손상	- 과도한 적재 - 진동 - 부딪힘, 충격 - 날카로운 물체와의 접촉	- 압상 - 파열 - 창상: 베인 상처, 찔린 상처 - 찰과상 → 부패로 진행
생물 활성에 의한 손실	- 고습도 저장 - 한계저장기간 초과	- 발근, 발아, 과숙, 노화
병해 및 충해	- 1차 원인: 물리적 손상 - 2차 원인: 부패균 증식	
생리적 장해	- 저온장해 - 동결장해 - 부적합한 공기조성 - 생화학적 변화(갈변, 흑변) - 영양성분 불균형 - 명확하지 않은 원인	

2.7.2 수확후 아스파라거스에 발생하는 생리 및 병리 장해

(1) 생리장해

수확후 저장 및 유통과정 중 발생하는 주요 생리장해와 방지 대책은 표 5-35와 같다(Snowdon, 2010; USDA, 2016b).

표 5-35 수확후 신선 아스파라거스에 발생하는 주요 생리장해의 종류와 방제법

명칭	원인	증상	방지 대책	장해 모습
신장 Elongation	- 수확후 상온 노출 - 수분 접촉시 촉진	- 순의 신장으로 길이가 길어짐	- 수확 즉시 예냉 - 수확후 5℃ 이하로 관리	
정단부 휨 Tip Bending	- 순을 눕혀서 저장 및 유통 (굴지성) - 세워서 저장/유통 시키더라도 포장 상자의 높이가 낮을 경우	- 순이 위로 휨	- 충분한 높이의 용기에 담아 세워서 관리	
경질화 Toughening	- 목질화 및 섬유질 생성으로 조직의 경화	- 10℃ 이상에서 발생 - 15℃ 이상에서 증가 - 에틸렌에 의해 촉진	- 보습과 함께 - 적정 예냉 및 저장온도(0~2℃) 관리	
깃털모양 보푸라기 Feathering	- 정단부조직이 보푸라기처럼 일어나는 것	- 노화 과정 - 적정온도 이상에서 장기 저장시	- 적정 저장온도 유지 - 상품성 유지기간 준수	
위조 Wilting	- 조직이 마르는 것	- 노화 과정 - 건조한 환경 - 적정온도 이상에서 장기 저장시	- 보습 처리와 적정 저장온도 유지 - 상품성 유지기간 준수	

명칭	원인	증상	방지 대책	장해 모습
정단부 썩음 Tip Rot	- 비병원성 부패 - 0℃ 장기저장후 유통시 발병 증상 심화 - 원인은 불분명	- 장기 유통시 상품성 손실의 주요 원인	- 적절한 보습시 발병 지연 - 재배 중 적절한 수분관리와는 무관함	
구멍 증상 Pitting	- 장기유통 중 필름내 고농도 CO_2 조건 - 저산소 조건과 상온에서 증상 촉진	- 호박색의 수침 - 조직의 함몰과 구멍 발생	- 장기간 저장 및 유통 중 필름 포장에 의한 고농도의 CO_2 조건 회피	
저온장해 Chilling Injury	- 0℃에 10일 정도 노출시	- 순의 윤기와 광택 불량 - 정단 끝 부위가 회색으로 변색 - 신선도 저하 - 순이 쳐지고 위조 증상	- 적정 예냉 및 저장온도(0~2℃) 관리	
냉해 Freezing Injury	- 예냉 및 저장온도가 -0.6℃ 이하에서 일정 시간 이상 노출시	- 수침 현상 - 심한 연화(짓무름)	- 적정 예냉 및 저장온도(0~2℃) 또는 그 이상의 온도에서 수확후관리	

(2) **병리장해**

수확후 저장 및 유통과정 중 발생하는 주요 병리장해(표 5-36) 및 가끔 발생하는 병리장해(표 5-37)와 방지 대책은 아래와 같다(Snowdon, 2010; USDA, 2016b).

표 5-36 수확후 신선 아스파라거스에 발생하는 주요 병의 종류와 방제법

명칭	원인균 증상 감염 방지 대책	병해 모습
세균성 연부병 Bacterial Soft Rot	- *Erwinia* spp. *Pseudomonas* sp. - 연화, 수침, 점액질의 암녹색 변색, 이취 - 토양에서 감염, 바람이나 비에 의해 전파 - 수확후 건전체로 전염 - 15℃ 이상에서 빠르게 확산 - 수확후 빠르게 온도를 낮춤 - 5℃ 이하에서 저장 및 유통 - 건전한 순(특히 정단부) 철저한 선별 - 수냉식 예냉시 물 살균 및 수시 교체 - 보조 수단: 수확후 고농도 CO_2 처리	
뿌리썩음병 Fusarium Rot	- *Fusarium* spp. - 기부, 정단부에 작은 난형의 갈색 병반 - 가장자리에 적갈색 병반 - 병반이 커지면서 연부 증상 - 백색/분홍색의 진균류 발생 - 토양/식물 잔존물에 흔하며, 종자로도 전염 - 유충의 가해시 상처로 간섭 선임 - 위조 및 생육 저하시 쉽게 감염 - 수확시 및 수냉식 예냉시 전염 - 상온에서 건전체로 쉽게 전염 - 소독 종자 사용, 재배시 철저한 살균/살충 - 수냉식 예냉시 물 소독과 적정 저온저장	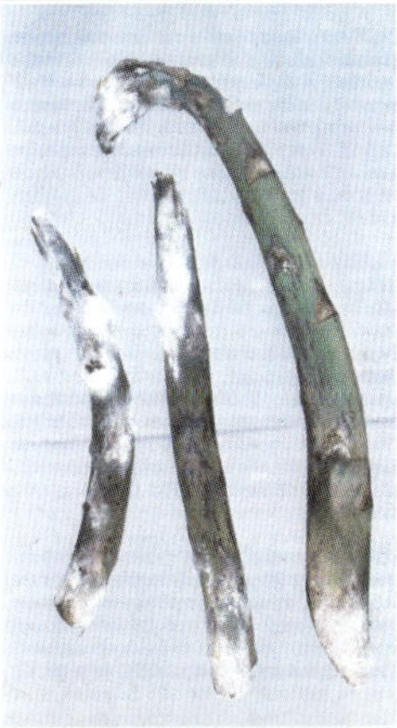
역병 Phytophthora Rot	- *Phytophthora* spp. - 이취 및 부패와 함께 백색 진균 발생 - 주로 기부에 발생 정단부는 세균성 병 동반 - 수침 및 구부러짐, - 토양에서 생육 초기에 침수/장마시 쉽게 전염 뿌리와 크라운에 침투, 생산 감소, 말라 죽음 - 수냉식 예냉시 직접 전염 - 적기에 살균제 처리 및 배수 철저 - 재식시 크라운보다는 건전묘 이용 - 저항성 품종 사용 - 수냉식 예냉시 염소 처리	

명칭	원인균 / 증상 / 감염 / 방지 대책	병해 모습
자주반점 Purple Spot	- *Pleospora allii*(Klotzsch) Ces.&de Not - *Pleospora herbarum*(Pers.) Rabenh. ex Ces.&de Not	
	- 작고 함몰된 타원형의 붉은자주색 병반 - 심각한 병증은 없으나 외관상 상품성 저하 - 병반이 3개 이하만 가공시 상품성 인정	
	- 기공을 통해 비, 관수, 이슬 등 수인성 전염 - 바람에 날리는 모래 등의 상처 부위로 침투 - 전년도 아스파라거스 잔존물에서 발생 - 종자 오염도 보고됨	
	- 재배시 일반적인 병 방제법 준수	
푸른곰팡이 썩음병 Blue Mold Rot	- *Penicillium* sp.	
	- 절단부와 눈 부위에 발생 - 크라운과 뿌리 썩음으로 확대	
	- 수확시 상처 부위 - 유통 중 이병주에서 감염	
	- 크라운의 건조 방지 - 재식 전 이병주 제거 - 예냉시 염소계 세척수 사용	

표 5-37 기타 수확후 신선 아스파라거스에 발생하는 병의 종류와 방제법

기타 병증	원인 및 증상	방제법
잿빛곰팡이병 Grey Mould Rot	- *Botrytis cinerea* 잿빛의 진균 발생	- 선별장 등 수확후 시설 위생 관리 - 수냉식 예냉시 수질관리
갈색무늬병 Phomopsis Rot	- *Phomopsis asparagi* (Sacc.) Bubak - 작은 테두리가 진한 밝은 갈색 병반 - 줄기마름병으로도 불림	- 수확시 감염되므로 재배시 철저한 방제와 수확시 사용도구 소독
균핵병 Watery Soft Rot	- *Sclerotinia* - 흰색 진균류 발생 후 전체로 확대	- 수확후 이병되지 않도록 재배시 방제

국립원예특작과학원 (1998) 아스파라거스 연구보고서

윤홍선 (2009) 수확후 설비 메뉴얼. 농림수산식품부 농협중앙회.

Alberts B, Johnson A, Lewis J, Raff M, Roberts K, Walter P (2002) Molecular Biology of the Cell. 4th ed. Garland Science, New York, USA

CAFAH (California Asparagus Farming-America's Heartland) (2012) https://www.youtube.com/watch?v=MX3BNjiPGkw. USA

Fry S (1993) (그림 3)

Hruschka HW (1977) Postharvest weight loss and shrivel in five fruits and five vegetables. USDA-ARS, Marketing Res Rpt No. 1059. USA

Kader AA (1992) Postharvest technology of horticultural crops. UC Publishing No. 3311. University of California, Division of Agriculture and Natural Resources. Oakland, USA

Kays SJ, Paull ER (2004) Postharvest Biology. Exon Press. Athens. USA

Lee JS (2015) Quality characteristics, carbon dioxide, and ethylene production of asparagus (Asparagus officinalis L.) treated with 1-methylcyclopropene and 2-chloroethylphosphonic acid during storage. Kor J Hort Sci Technol. 33:675-686

Limgroup (2016). Green asparagus cultivation manual. Horst, the Netherlands

Robinson JE, Browne KM, Burton WG (1975) Storage characteristics of some vegetables and soft fruits. Ann Appl Biol. 81:399-408

Snowdon AL (2010) A colour atlas of post-harvest diseases and disorders of fruits and vegetables, vol 2 Vegetables. Manson Publishing, UK

USDA (2016a) National nutrient database. USA

USDA (2016b) The commercial storage of fruits, vegetables, and florist and nursery stocks, USDA Agricultural Handbook 66. USA

UCDAVIS (2014) University of California, Division of Agriculture and Natural Resources. http://postharvest.ucdavis.edu/Commodity_Resources/Fact_Sheets/

Yoon HS, Choi IL, Baek JP, Kang HM (2016) Effects of 1-MCP storage treatments for long-term storage of asparagus spears. Prot Hort Plant Fact. 25:118-122

Yoon HS, Choi IL, Choi GE, Han SJ, Kim JY, Kang HM (2017) Influence of UV-C irradiation and MAP treatment on the quality of asparagus spears during storage. J Agric Life Environ Sci. 29:53-59

Zhang P, Zhang M, Wang SJ, Wu ZS (2012) Effects of 1-MCP treatment on green asparagus quality during cold storage. Int Agrophys. 26:407-411

Loqué D, Scheller HV, Pauly M (2015) Engineering of plant cell walls for enhanced biofuel production Current Opinion Plant Biol 25:151-161

MEMO

제 6 장

생리장해 관리

01 생리장해 정의

아스파라거스의 생리장해(physiological disorder)는 병원균과 해충 등 생물적 요인 이외의 외부의 어떤 물리적, 이화학적인 비생물적 요인의 장해로 인하여 지상부와 지하부에 나타나는 비정상적인 생리현상을 말한다. 비생물적 요인에는 내적 요인과 외적 요인이 있는데, 내적 요인에는 필수원소(질소, 인산, 가리, 망간, 마그네슘, 아연, 칼슘, 철, 붕소 등)의 과잉과 결핍, 수분 흡수의 과부족, 호르몬 이상, 수확 시기가 너무 이르거나 늦음 등이 있고 외적 요인에는 기상조건(온도, 습도, 빛, 바람, 서리, 우박), 토양조건(산도, 염류 집적), 공기조성(산소, 이산화탄소, 불포화탄화수소 등) 화학물질(농약, 오염물질, 매연) 등이 있다. 이러한 요인들은 간혹 복합적으로 작용하여 생리장해를 일으킨다. 일반적으로 생리장해의 증상은 품종의 종류에 따라 다르지만 새순이나 잎 등에 변색, 변형, 내부공동, 경도 이상, 줄기 파열 등이 단독 혹은 복합적으로 발생한다. 지금까지 아스파라거스에 주로 발생되는 생리장해는 10여 종 이상 알려져 있으며 우리나라에서도 유사한 증상들이 보고되어 있다. 우리나라에서 조사된 증상들은 줄기 수침, 줄기 시들음, 끝순 펴짐, 곡경, 폭발경, 필수원소 결핍 등이 있으며 최근에 이상기후 현상으로 새로운 장해가 매년 증가하는 현상이므로 이에 대한 세심한 관찰이 필요하다.

02 생리장해 진단

아스파라거스 생리장해의 특징은 새순과 잎(의엽)에서 나타나며, 특히 어린 순에 발생하면 상품성이 크게 떨어져 재배농가들에게 막대한 손실을 가져온다. 생리장해는 약제 방제가 불가능하므로 발병 원인의 진단과 예방적 대책이 중요하며 장해 증상이 발생하면 초기의 정확한 진단이 매우 중요하므로 적극적으로 대책을 수립하여 비정상 새순의 발생을 최대한 억제하는 것이 중요하다. 아스파라거스 생리장해의 진단은 다른 작물에 비해서 비교적 육안 판단이 쉽지만 경우에 따라서는 정밀한 분석이 필요하다. 진단방법은 실제 재배포장에서 실시할 수 있는 포장진단 그리고 실험실에서 정밀한 현미경적 관찰과 분석기기를 통해 할 수 있으며, 관찰경험과 분석기기 활용의 융합적 진단법이 가장 정확하게 진단할 수 있는 방법이다.

03 주요 생리장해 종류

지금까지 우리나라의 아스파라거스 재배지역에서 알려지고 보고된 생리장해의 종류를 보면 다음과 같다.

3.1 순끝 펴짐

상품성 있는 아스파라거스는 줄기 길이가 24cm 이상으로 머리부분이 단단하게 열리지 말아야 한다. 순끝 펴짐은 어린순 머리부분의 잎이 펴지는 증상으로 상품성이 크게 떨어진다. 그렇기 때문에 수확 시 충분한 길이가 될 때까지 순끝이 열리지 말아야 하지만, 여름 수확기의 고온과 건조할 때 그리고 봄 수확기 후반 무렵에 순끝 펴짐 현상이 발생된다. 품종에 따라 발생률이 다르며 다수확 품종에서 발병률이 높다는 보고도 있다. 특히, 수확 후반기 저장양분이 부족하고 온도가 높은 경우에 주로 발생한다. 예방을 위해서는 관수를 충분히 하고, 시설 내 온도를 낮추는 노력이 필요하며 봄재배 후반기에 관찰되면 뿌리의 저장양분이 소실됨을 나타냄으로 수확을 빨리 끝내야 한다. 또한 여름재배 시 총채벌레가 순끝에 발견되는 경우에 총채 피해의 원인으로도 나올 수 있으므로 농가에서는 적품종 선발, 온도, 관수, 총채 예방에 특별한 관심을 기울여야 한다.

그림 6-1 순끝 펴짐

3.2 동해

아스파라거스는 추위에 강한 작물로 월동 중 뿌리의 동해는 거의 발생하지 않지만, 이른 봄 꽃샘추위 등 급격한 기상 변화로 최근 동해가 발생하고 있다. 특히, 노지재배에서 봄철인 4월 중순경에 따뜻한 날씨가 지속되면 새순의 신장이 촉진되다가 갑자기 온도가 0℃ 이하까지 떨어져서 일정기간 조직이 노출되면 조직의 세포가 붕괴되어 줄기가 점차 갈변되면서 심각한 동해를 받게 된다. 아스파라거스 눈이 잠에서 깨어난 후 줄기가 신장하는 기간에 기온이 영하로 내려가면 얼어서 봄철 수량 감소의 원인이 된다. 동해가 자주 발생하는 지역에서는 20cm 이상 깊게 정식하여 새순의 신장을 지연시키거나 비가림 시설의 경우 겨울(1~2월 경)에 강한 차광(95% 이상)으로 지온 상승을 억제하여 봄 수확시기를 늦춰서 꽃샘추위를 회피하는 방법이 효과적이다.

그림 6-2 어린순 동해 피해

3.3 줄기 시들음(고온 피해)

전 세계적으로 아스파라거스의 재배는 온대, 열대 및 아열대 지역에서 가능하지만 생육 최적온도를 16~24℃로 유지해 주었을 때 고품질 아스파라거스를 생산할 수 있는 것으로 잘 알려져 있다. 열대지역(태국 등)에서 재배할 경우 줄기가 가늘고, 특히 30℃ 이상 온도가 상승할 경우 고온 장해를 입게 된다. 최근 우리나라는 아스파라거스 비가림 시설재배가 늘어나면서 여름철에 고온 피해 현상으로 주로 선단부의 어린줄기에서 발생하여 직접적인 피해는 적지만 잿빛곰팡이 등의 2차적인 병 발생으로 피해가 발생하는 경우가 있어 재배농가들은 온도 관리에 특별한 관심을 가질 필요가 있다. 따라서 고품질의 아스파라거스를 생산하기 위해서는 하우스 내 온도를 20~28℃의 관리해주는 것이 매우 중요하며 비가림 시설 내 온도 상승을 방지하기 위해 30~40% 정도의 차광망을 설치하거나 측창과 천창 환기를 하거나 시설 내에 유통팬을 설치하여 더운 공기를 밖으로 배출하도록 해야 한다. 또한 아스파라거스 원줄기를 120~140cm 정도에서 적심하고 줄기 아랫부분에 50cm 이하의 측지를 제거해줘서 통로에 나온 가지들을 제거해줘서 통풍이 잘 되고 햇볕을 잘 들게 하는 것이 중요하다.

그림 6-3 줄기 시들음(고온 피해)

3.4 구부러진 순(곡경)

아스파라거스는 소비 특성 상 구부러지지 않고 곧게 1자로 뻗은 것을 소비자들이 선호하지만 여러 가지 원인에 의해 구부러진 순이 발생하게 된다. 특히, 생육 중에 토양의 양분과 수분이 불균형일 때와 토양건조는 곡경의 가장 큰 원인으로 보고되었다. 또한 어린순의 수확을 많이 해서 관부경(크라운) 내에 저장양분이 부족하여 줄기의 세포 신장에 필요한 에너지 공급이 떨어질 때 발생한다. 곡경이 발생되면 두부펴짐 증상도 함께 증가하고 수확량이 급격히 떨어지게 되어 재배농가들의 손실이 커진다. 따라서 토양의 배수가 잘 된다면 관수량을 늘려 충분히 주는 것이 곡경 예방과 수량 증대를 할 수 있는 방법이다. 물 주기는 한 번에 충분히 주고 관수 횟수는 생육단계와 토양에 따라 다르지만 생육초기에는 물 주기를 자주하고 오래된 포기일수록 관수 횟수를 줄여주면 좋다. 추비는 입경 후 30일경부터 9월 하순까지 매월 질소비료를 10a당 7~10kg 정도를 시비하면 매우 효과적이다. 또한 곡경은 해충(총채벌레 등)이 토양 속이나 토양 표면에서 어린순의 줄기면에 상처를 내게 되면 조직의 발달이 균형적이지 않아 상처 받은 쪽으로 줄기가 구부러지기 때문에 해충 방제에도 관심을 가져야 한다.

그림 6-4 곡경

3.5 파열된 줄기와 어린순(파열경)

아스파라거스의 어린순의 머리부분이나 입경된 줄기가 터지고 갈라지는 증상으로, 생육이 왕성한 2~6년생에서 많고 어린순에서는 7~8월 고온기에 많이 발생하는 특징이 있다. 파열경은 주로 굵은 줄기(15mm 이상)에서 발생하며, 토양 수분의 건습차가 심하거나 토양이 건조한 상태에서 갑자기 물을 주거나 비료를 많이 주면 자주 발생한다. 건조한 날씨가 지속되어 하우스 안에 습도가 낮고 관수량이 부족하여 줄기 표피가 단단하게 굳은 상태에서 갑자기 관수를 하게 되면 줄기의 내부(내초) 부분이 팽창하면서 부피가 커져서 나타나는 현상이다. 파열경을 방지하기 위해서는 토양을 건조하지 않게 관리하고 물 주기는 이랑 전체가 골고루 충분히 젖도록 하고 공중습도를 높이기 위해 오후에 서늘할 때 관수하는 것이 좋으며, 특히 퇴비와 짚 등으로 토양을 피복해 주면 토양의 건조를 막을 수 있어 매우 효과적이다. 보통 이러한 증상은 생육에 커다란 피해를 주지는 않지만 입경한 줄기에서 발생하면 양수분의 흡수에 영향을 줄 수 있고 터진 부위로 즙액이 침출되어 병원균의 침입경로가 되기 쉽다. 파열경을 방지하기 위해서는 토양 수분관리를 철저히 하고 입경시 너무 굵은 줄기로 하지 않는 것이 좋으며 줄기 굵기가 13mm 이하 정도의 가는 줄기로 입경하는 것이 좋다.

그림 6-5 파열된 줄기와 어린순(파열경)

3.6 공동경

공동경은 아스파라거스 줄기 중앙부에 큰 구멍이 생기거나 생긴 구멍으로 인해 줄기가 둥글지 않고 넓적해 보이는 증상으로 상품가치가 떨어지며 주로 여름 수확철인 7~8월에 20mm 이상의 큰 줄기에서 많이 발생한다. 줄기 세우기 후, 장마기부터 여름철에 걸쳐 뿌리의 저장양분이 부족하거나 큰 줄기에서 어린순으로 양분이 전환되는 시기에 양분이 일시적으로 부족하거나 많아지는 등의 원인으로 공동경이 생긴다. 특히, 여름철 장마기에 흐린 날이 지속되어 광합성량이 떨어져서 저장양분이 부족한 경우 많이 발생한다. 공동경을 방지하려면 입경(줄기 세우기)을 할 때 굵은 줄기를 피하고 시설내 환경관리에 주의하여 고온이 되지 않도록 하며 물 주기와 비료를 고르게 해주면 예방할 수 있다.

그림 6-6 공동경

3.7 양분 결핍

필수영양소인 칼슘, 붕소, 황, 철, 구리, 망간은 광합성, 호흡, 단백질 합성 그리고 각종 효소작용에 보조효소의 기능을 하며 결핍증상은 어린잎에 나타나는 반면 질소, 인, 칼륨, 마그네슘의 결핍증상은 오래된 잎에 나타난다. 일반적으로 어린잎에 결핍되는 영양소는 잎에 가장 많이 분포되어 있으며 최대 필요시기는 잎의 발달 최성기에 많이 필요하다. 장기적으로 육묘를 하거나 재배지역에 배수가 불량한 경우에 뿌리 호흡률이 떨어져 양분흡수 에너지가 낮아짐에 따라 결핍증상이 많이 나타난다. 필수원소가 부족하게 되면 식물체의 대사과정의 장해가 발생하여 어린잎과 오래된 잎에서 황화현상 등이 서서히 발생하는데, 원소들의 결핍증이 매우 유사하여 혼동하기 쉽다. 어린잎에 나타나는 원소들의 결핍증상이 심하면 잎의 끝에 백화현상이 나타나 조직이 괴멸하게 되어 잿빛곰팡이 병원균이 침입할 수 있는 호조건을 제공하게 되므로 조기에 예방하는 것이 필요하다. 결핍증상이 나타나면 결핍원소를 포함하는 비료를 시비하거나 엽면시비를 하면 효과가 좋다. 엽면시비는 가능한 오후 시간 때나 아침 일찍하는 것이 좋고 무엇보다도 균형적인 시비관리가 매우 중요하다.

그림 6-7 양분결핍증상

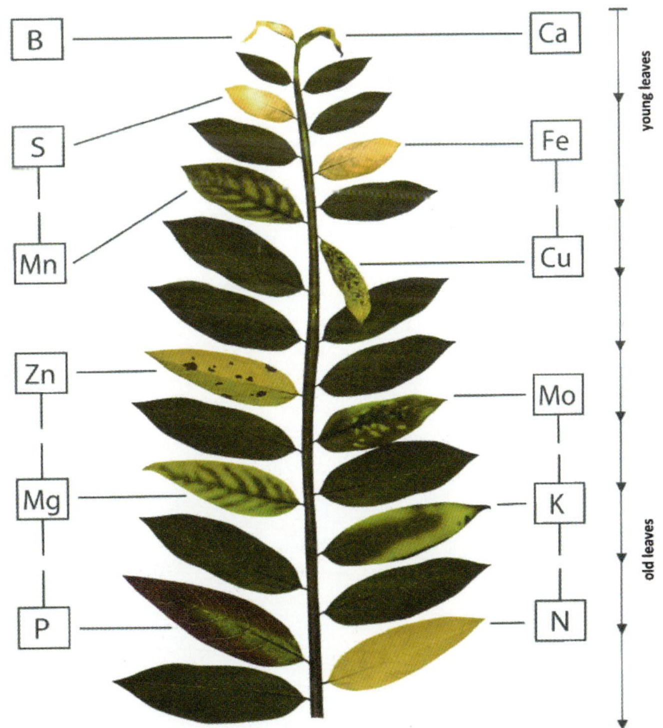

그림 6-8 양분결핍증상(어린잎: 칼슘, 붕소, 황, 철, 구리, 망간: 오래된 잎: 질소, 인, 칼륨, 마그네슘)

3.8 습해

아스파라거스는 건조에 매우 강한 작물로 수분이 부족하면 생장이 일시적으로 멈추거나 휴면에 들어가 일정기간 생존할 수 있다. 그러나 아스파라거스는 재배지의 토양이 과습하면 혐기적 상태로 인해 뿌리의 생육이 불량하여 생장이 멈추고 지상부가 서서히 시드는 증상이 나타나는 피해가 발생하는데 이를 습해라고 한다. 지하수위가 높아 토양 중에 수분이 너무 많으면 토양 속에 있는 산소의 부족 때문에 뿌리의 호흡작용이 저해를 받는다. 아스파라거스의 경우에는 뿌리의 호흡작용이 저해되면 무기양분의 흡수는 물론 수분의 흡수도 저하되고, 뿌리의 세포분열 및 생장이 쇠퇴되며, 지하부의 생리활동이 저하되어 결국 식물체가 고사하게 된다. 아스파라거스는 습해에 매우 민감하므로 재배지의 지하수위가 70cm 이하거나 관수 후에 배수가 양호해야 통기성이 유지되어 생장이 양호하다. 아스파라거스의 뿌리는 다른 작물에 비해 호흡률이 2배 이상 높은 것으로 알려져 있어 아스파라거스 재배지 선택시, 특히 토양의 배수 및 보수력을 1순위로 고려해야 한다. 아래 그림은 논을 매립하여 아스파라거스를 정식한 포장으로 심각한 습해로 인해 재배농가의 경제적 손실이 매우 큰 경우이다. 아스파라거스는 한 번의 정식으로 15년 이상 장기 재배를 해야 하기 때문에 재배지 선정시 토질의 통기성에 특별한 관심을 가져야 할 필요가 있다.

그림 6-9 배수불량으로 인한 습해

참고문헌

강원도농업기술원. 2013. 아스파라거스 재배기술. p. 41-48.

농촌진흥청. 1996. 고랭지 아스파라거스 재배기술 개발.

농촌진흥청 작물과학원(RDA). 2003. 양채류 재배. 표준영농교본-48.

아스파라거스 p. 197-222.

농촌진흥청 온난화대응농업연구센터(RDA). 2005. 난지권 기후특성을 이용한 고품질 "아스파라거스" 재배.

박권우(Park), 1986. 서양채소론. 아스파라거스 p. 42-54.

MEMO

제 7 장 아스파라거스 해충 관리

01 아스파라거스 해충의 종류

전 세계적으로 아스파라거스를 가해하는 해충에 대한 연구는 꾸준히 진행되어 왔으며 미국에서는 16종의 해충이 방제 대상으로 등록되어 있다(Anonymous, 2000; Morrison et al., 2014; Natwick, 2016). 유럽에서는 달팽이, 노래기 등을 포함하여 14종의 곤충 및 무척추동물을 아스파라거스 해충으로 보고하였다(Anonymous, 2013)(표 7-1).

우리나라에서 아스파라거스에 발생하는 해충은 주로 총채벌레류(꽃노랑총채벌레, 대만총채벌레, 오이총채벌레, 파총채벌레), 나방류(담배거세미나방, 파밤나방, 왕담배나방 등), 진딧물류(목화진딧물, 복숭아혹진딧물 등), 잎벌레류(아스파라거스잎벌레), 그리고 잎응애류(점박이응애, 차응애) 등이 있으며 그중 파총채벌레에 의한 피해가 가장 크다(Choi et al., 2014).

표 7-1 전 세계적으로 알려진 주요 아스파라거스 해충(곤충) 목록

종류	일반명	학명	비고
나방류	Reaper dart moth	*Euxoa messoria*	
	White cutworm	*Euxoa scandens*	
	Variegated cutworm	*Peridroma saucia*	
	파밤나방	*Spodoptera exigua*	국내 분포
	Yellow-striped armyworm	*Spodoptera ornithogalli*	

종류	일반명	학명	비고
	Western yellow-striped armyworm	*Spodoptera praefica*	
	Asparagus moth	*Parahypopta caestrum*	
노린재류	Tarnished plant bug	*Lygus lineolaris*	검역관리해충
	European tarnished plant bug	*Lygus pratensis*	
	연리초장님노린재	*Adelphocoris lineolatus*	국내 분포
딱정벌레류	Common asparagus beetle	*Crioceris asparagi*	
	Spotted asparagus beetle	*Crioceris duodecimpunctata*	
	아스파라거스 잎벌레	*Crioceris quatuordecimpunctata*	국내 분포
	알풍뎅이	*Popillia japonica*	국내 분포
	Rose chafer	*Macrodactylus subspinosus*	검역관리해충
진딧물류	Asparagus aphid	*Brachycorynella asparagi*	
파리류	Asparagus miner	*Ophiomyia simplex*	검역관리해충
	Asparagus fly	*Platyparea poeciloptera*	
	씨고자리파리	*Delia platura*	국내 분포
	Citrus gall midge	*Prodiplosis longifila*	
총채벌레류	파총채벌레	*Thrips tabaci*	국내 분포
	Bean thrips	*Caliothrips fasciatus*	검역관리해충

1.1 총채벌레

총채벌레는 총채벌레목(Thysanoptera)에 속하는 작은 곤충으로 우리나라에는 90여 종의 총채벌레가 알려져 있으며 대부분이 식물을 가해하는 해충으로 알려져 있다(Paek et al., 2010). 총채벌레는 아스파라거스에 발생하는 여러 해충 중 가장 심각한 피해를 유발하는 해충으로 연간 수십 세대 발생하며 약 2회의 최다발생기(6~7월경과 9~10월경)를 가진다. 아스파라거스를 포함하여 고추, 오이, 파 등에 피해를 주는 총채벌레는 꽃노랑총채벌레(*Frankliniella occidentalis* (Pergande)), 대만총채벌레(*Frankliniella intonsa* (Trybom)), 오이총채벌레(*Thrips palmi* Karny), 파총채벌레(*Thrips tabaci* Lindeman) 등이 있다. 총채벌레는 작물의 줄기 및 잎을 흡즙하여 피해를 입히는데, 대표적인 흡즙해충인 진딧물과는 달리 비대칭의 턱을 이용해 작물의 표면을 갈아서(rasping) 상처를 낸 후 구침을 꽂아 흡즙하기 때문에 독특한 식흔을 남긴다(Chisholm and Doncaster, 1982). 또한 총채벌레는 고추와 토마토, 국화 등 29종의 작물에 토마토반점위조바이러스(tomato spotted-wilt virus, TSWV)를 매개하여 원형반점, 황화위축, 기형, 고사 등 심각한 피해를 유발한다(Ullam et al., 1992). 총채벌레는 식물 표피를 가해하면서 약충과 성충 단계를 지낸 후 산란관을 이용해 식물조직 내에 산란하고 토양에서 번데기(전용, 후용) 시기를 보낸다. 특히, 번데기 시기를 토양에서 보내기 때문에 방제에 많은 어려움을 야기한다.

총채벌레에 의한 아스파라거스 피해는 잎과 순에 나타나며 피해가 심할 경우 곡경을 유발하여 상품성을 크게 떨어뜨린다(Choi et al., 2014). 아스파라거스에 발생하여 큰 피해를 끼치는 파총채벌레는 재배 전시기에 걸쳐 작물의 모든 부위에 피해를 끼치며 제주도를 포함한 남부 지방에서는 3월경 밀도가 증가하다가 봄 수확기에 지상부의 아스파라거스 순이 수확되면서 밀도가 낮아지며 이후 6월 하순~7월 상순, 9월 하순~10월 상순에 걸쳐 아주 높은 밀도로 발생한다(Choi et al., 2014). 강원도를 포함한 중·북부 지역에서는 봄 수확 시작기인 4월에는 거의 발견이 되지 않다가 5월 입경 이후 밀도가 급격히 증가한다.

1.1.1 생활사

총채벌레의 발육단계는 알, 유충(1~2령), 번데기(전용, 후용), 성충의 단계를 거친다(그림 7-1). 성충은 식물체의 조직 속에 알을 낳는다. 알은 종에 따라 약간의 차이는 있으나 약 0.3mm 정도로 아주 작고 길쭉하며 작물의 잎 조직 속에 산란하기 때문에 발견하기가 어렵다. 알의 상태에서 5~7일이 경과하면 부화해 약충이 되는데 유백색을 띠며 날개를 가지지 않는다. 2령의 약충 시기를 거치고 나면 토양으로 떨어져 번데기가 된다. 번데기는 전용과 후용시기로 나뉜다. 번데기에서 우화한 성충은 약 1~2mm 정도로 작은 크기이며 종에 따라 짙은 노란색, 연한 노란색, 연한 갈색, 또는 짙은 갈색을 띤다.

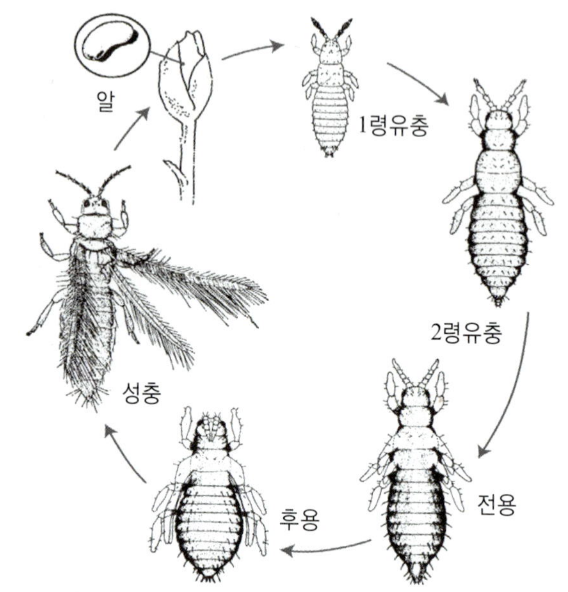

그림 7-1 총채벌레의 생활사(Bethke et al., 2014)

발육기간은 온도에 따라 크게 차이가 난다. 고온인 30℃에서는 알부터 성충까지 약 10일이 소요되어 가장 빠르게 발육하며 18℃에서는 약 45일, 그리고 25℃에서는 약 17일이 소요된다. 특히, 35℃ 이상의 고온과 10℃ 이하의 저온에서는 발육하지 않는다. 성충의 수명은 대략 20~45일 정도이다.

성충은 꽃가루를 먹기 위해서 꽃에 많이 모인다. 성충은 살충제에 대한 저항성 발달이 높을 뿐만 아니라 천적의 공격으로부터 배를 들어 자기 방어 행동을 취하기 때문에 방제가 쉽지 않다. 총채벌레는 번데기 시기를 토양에서 보내기 때문에 토양 내 습도가 높은 시기에는 대발생하지 않는다. 이는 토양 내 습도가 높으면 곰팡이나 세균 등에 의해 번데기가 공격받을 가능성이 높기 때문에 총채벌레의 발생이 줄어드는 것으로 알려져 있다.

암컷 성충은 작물 표면의 조직 속에 산란관을 찔러 알을 낳고, 그 위를 분비물로 덮어 둔다. 보통 한 마리의 암컷이 20~170개의 알을 낳는다. 번식은 암컷과 수컷이 교미해서 수정된 알을 낳는 유성생식도 일어나지만 대부분의 경우 암컷 혼자서 알을 낳는 무성생식(처녀생식, 단위생식)으로 번식한다. 때문에 수컷은 상당히 발견하기 어렵다. 암컷이 교미를 하지 않으면 모두 수컷을 낳고 교미를 통한 유성생식으로 번식할 경우 암컷과 수컷의 성비는 일반적으로 2:1이다.

1.1.2 종류 및 특징

총채벌레류 중 작물을 가해하는 것으로 알려진 해충은 49종이 있으며 그 중 아스파라거스에서 발견되는 종류는 4종이다.

(1) **파총채벌레**(*Thrips tabaci* Lindeman)

파총채벌레는 주로 양파를 가해하기 때문에 onion thrips로 불리며 우리나라에서는 주로 파에 발생한다. 봄부터 가을까지 계속 발생하지만 여름에 번식력이 왕성하다. 아스파라거스에 가장 큰 피해를 끼치며 입경 이후 급격하게 번식한다. 제주도의 경우 3월경 발생 밀도가 증가하였다가 봄 수확기에 밀도가 감소하고 6~7월과 9~10월에 발생이 증가하였다. 강원도의 경우 5월 이전 까지는 거의 관찰이 힘들다가 5월 중순경 급격히 증가하여 6~7월에 최성기 이후 점차 감소하는 추세를 보인다. 몸은 옅은 노란색으로 꽃노랑총채벌레보다 크기가 작으며 오이총채벌레와는 크기가 비슷하다. 그러나 겹눈 사이에 붉은색 무늬가 없는 것이 특징이다(그림 7-2).

그림 7-2 파총채벌레 성충

(2) **오이총채벌레**(*Thrips palmi* Lindean)

오이총채벌레는 동남아지역이 원산지로 주로 제주도 및 남부지방을 중심으로 하여, 시설재배작물에서 급속히 발생하는 총채벌레이며, 기주 범위가 넓고 번식력이 강하기 때문에 방제에 어려움을 겪고 있다. 오이총채벌레는 파총채벌레와 유사하나 좀 더 짙은 노란색을 띠고 겹눈 사이에 붉은색의 뚜렷한 무늬가 있어 쉽게 구분이 가능하다(그림 7-3). 강원도 아스파라거스에서는 5월 중순경 발견되며 6월 중순 이후에는 개체수가 줄어들어 관찰이 쉽지 않다.

그림 7-3 오이총채벌레 성충

(3) **꽃노랑총채벌레**(*Frankliniella occidentalis* (Pergande)

시설재배 작물에서 가장 빈번히 발생하며 아스파라거스의 경우 파총채벌레에 이어 두 번째로 높은 빈도수로 발생하나 개체수는 많지 않다. 아스파라거스에서 발견되는 총채벌레 중 크기가 가장 크고 몸의 색깔은 주로 짙은 노란색이나 가끔 갈색 개체도 발견된다(그림 7-4). 강원도 지역 아스파라거스에서는 5월부터 9월까지 꾸준히 발견되나 개체수가 많지 않아 크게 문제가 되지 않는다.

그림 7-4 꽃노랑총채벌레 성충.

(4) **대만총채벌레**(*Frankliniella intonsa* (Trybom)

대만총채벌레는 주로 딸기에 발생하여 피해를 입히는 주요해충 중 하나로 아스파라거스에서는 크게 발생하지 않는다. 몸은 짙은 갈색을 띠며 크기도 꽃노랑총채벌레와 비슷하기 때문에 꽃노랑총채벌레 갈색 개체와 쉽게 구분하기 어렵다(그림 7-5). 강원도 아스파라거스에서는 5월 중순경부터 발견되며 9월초에 들어서는 잘 발견되지 않는다.

그림 7-5 대만총채벌레 성충

1.1.3 발생 양상

일부 총채벌레의 경우 국내에서 월동이 가능한 것으로 추정되며 온실 내의 적합한 환경에서는 연 10회 이상 발생하는 것으로 추정된다. 파총채벌레의 경우 시설 내에서는 연중 발생하나 봄 수확기에는 지속적인 수확으로 밀도가 낮게 유지되다가 5월말 입경기 이후 밀도가 급증한다.

1.1.4 가해 특징

총채벌레는 꽃을 선호하여 주로 꽃 주위에서 발견되지만 꽃이나 열매에서의 피해는 크지 않다. 주로 새로이 자라난 잎이나 연한 줄기부분을 흡즙하며 이로 인해 잎에서는 엽록소(chlorophyll)가 파괴되어 흰색 또는 은색의 반점이 산재해서 나타난다. 또한 식물을 가해할 때 비대칭의 턱을 이용해 작물의 표면을 갈아서 상처를 낸 다음 구침을 꽂아 흡즙하기 때문에 독특한 식흔을 남긴다. 흡즙된 조직은 변색되거나 괴사된다. 또한 어린순이나 과실 표면에 가해를 하면 그 부분에 자국이 생기고 기형이 되어 성장한다. 또한 많은 식물바이러스인 토마토반점시들음바이러스(TSWV, Tomato spotted wilt virus)를 매개하여 토마토와 고추 농가에 큰 피해를 끼친다. 특히, 아스파라거스의 경우 수확기 발생순의 곡경을 유발하거나 변색시켜 상품성을 크게 떨어뜨린다(그림 7-6).

그림 7-6 총채벌레에 의해 구부러진 순(곡경)

1.1.5 살펴보기

총채벌레는 육안으로 관찰하기 쉽지 않은 미소해충으로 방제의 성패를 좌우

하는 것은 언제, 몇 마리가 발생하는지 예찰하는 것이다. 노란색 또는 청색 끈끈이 트랩을 이용하여 성충을 조사한다. 노란색 끈끈이 트랩에는 어두운 색깔의 총채벌레가 잘 유인되며 청색 끈끈이 트랩에는 여러 종의 총채벌레가 유인된다. 최근에는 청색광을 좋아하는 곤충의 습성을 활용하여 LED를 이용해서 곤충을 유인한다(그림 7-7). 끈끈이 트랩을 5~10미터 간격으로 10개 내외를 아스파라거스 위 30cm 지점에 설치하는 것이 가장 이상적이나 스프링클러(sprinkler), 작업환경 등을 고려하여 적당한 위치에 설치한다. 끈끈이 트랩에 유인되는 곤충들은 해충뿐만 아니라 하우스 주위에 존재하는 일반 곤충류(특히, 파리류)들도 다량 유인된다(그림 7-8).

그림 7-7 아스파라거스 총채벌레 예찰을 위한 끈끈이트랩 설치. LED를 이용하기도 한다.

그림 7-8 끈끈이트랩에 포획된 곤충들. 이들은 아스파라거스를 가해하는 해충이라기 보다는 우연히 포획된 곤충들이다.

입경 이후에는 흰 종이를 작물체 밑에 받치고 꽃이나 잎을 털어서 떨어지는 총채벌레가 있는지 확인한다(그림 7-9). 만약 흰 종이가 없을 때에는 휴대폰 화면(꺼진 상태)을 위로 하여 작물체에 대고 털어보면 총채벌레를 확인할 수 있다.

그림 7–9 타락법에 의해 하얀색 팬에 떨어진 파총채벌레. 성충과 유충이 함께 있다.

총채벌레는 크기가 매우 작기 때문에 아스파라거스 머리에 숨어 있을 경우에는 육안으로 확인하기가 상당히 어렵다. 이들을 확인하기 위해서는 고해상도의 현미경으로 관찰해야 형태를 뚜렷하게 관찰할 수 있다(그림 7-10).

총채벌레를 채집할 때에는 아주 가는 핀셋을 이용하여 한 마리씩 조심스럽게 70% 알콜(EtOH)이 들어있는 바이알(vial)에 넣어야 한다. 알콜에 고정된 총채벌레는 색깔이 뚜렷해져서 형태 관찰이 한결 용이하다(그림 7-11).

그림 7-10 아스파라거스 머리에 숨어 있는 파총채벌레. 육안으로는 확인하기가 어렵다.

그림 7-11 70% 알콜에 고정된 파총채벌레(왼쪽). 파총채벌레와 꽃노랑총채벌레. 왼쪽 아래 가장 큰 개체가 꽃노랑총채벌레이다(오른쪽).

1.2 점박이응애(*Tetranychus urticae*, two spotted spider mite)

점박이응애는 거미강(Arachnida) 진드기아강(Acari) 잎응애과(Tetranychidae)에 속하는 해충으로 시설 작물에 가장 많은 피해를 입히며, 특히 딸기 재배에서 가장 문제가 되는 해충으로 잘 알려져 있다. 잎응애류 해충은 일반적으로 3쌍의 다리를 가지는 곤충과는 달리 4쌍의 다리를 가지는 거미류이다. 대표적인 잎응애류 해충으로는 점박이응애(*Tetranychus urticae*), 차응애(*Tetranychus kanzawai*)가 있으며, 이들을 포함하여 10여 종의 잎응애류가 작물에 심각한 피해를 입힌다. 아스파라거스에서는 입경 이후 고온다습한 시기에 점박이응애와 차응애가 대발생하여 피해를 입힌다.

1.2.1 생활사

점박이응애의 발육단계는 알, 유충(larva), 제1약충(전약충, protonymph), 제2약충(후약충, deutonymph), 성충(adults)의 과정을 거친다(그림 7-12). 점박이응애의 알은 둥근 공 모양으로 약 0.14mm 정도의 아주 작은 크기이다. 알에서 부화한 유충은 3쌍을 다리를 가지고 있어 곤충과 유사하다. 유충이 성장한 후 탈피하여 제1약충, 제2약충이 되는데 이때에는 4쌍의 다리를 가지게 된다. 성충은 약 0.4~0.5mm정도이다. 발육 과정은 모두 작물의 잎에서 이루어진다.

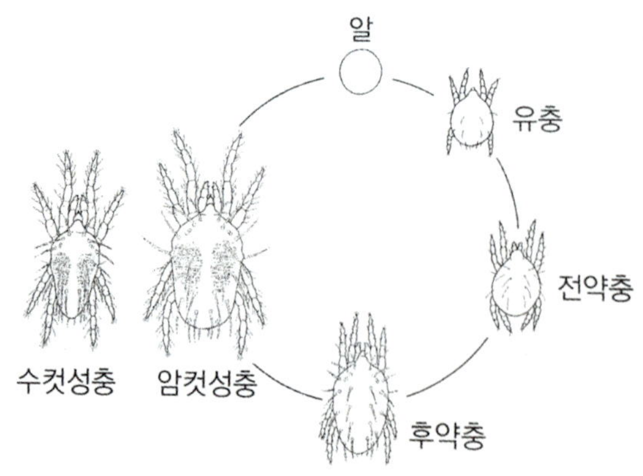

그림 7-12 점박이응애의 생활사(www.koppert.com)

점박이응애의 체색은 계절에 따라 다소 차이가 생기기 때문에 색깔로 종을 구별하기는 쉽지 않다. 그러나 대부분의 경우 약간 노란색 바탕에 가슴부위에 1쌍의 검은 점을 가지고 있는 것으로 구분할 수 있다. 이 검은 무늬는 체표면에 나타나는 체색이 아니라 위속에 존재하는 내용물이 비치는 것으로 위 내용물에 따라 다른 색을 띠기도 한다. 점박이응애의 몸 색깔은 오렌지색, 연황색, 갈색, 적색, 흑색, 연녹색, 짙은 녹색 등 다양하게 나타난다(그림 7-13). 눈으로 관찰할 때 어떤 때에는 차응애(*Tetranychus kanzawai*, 간자와응애)의 모습과 비슷한 형태를 나타내어 혼동하기도 한다. 차응애의 경우 전반적으로 붉은색을 나타내며 다리가 하얗고 배 양쪽에 불규칙한 검은 무늬가 있다(점박이응애는 전체적으로 옅은 노란색을 띤다). 특히 월동형 암컷 성충의 경우 붉은색을 나타내며 몸에 점무늬가 없기 때문에 천적인 칠레이리응애로 혼동하는 경우도 있다. 또한 환경이 적합하지 않을 경우에도 적색 계통이 나타난다. 형태적으로 점박이응애와 차응애를 구분하기는 쉽지 않다.

그림 7-13 점박이응애(일반형과 월동형 적색형). 적색형은 차응애와 비슷하나 몸 양쪽에 뚜렷한 검은색의 무늬가 있다.

점박이응애의 발육 기간은 온도가 높아질수록 짧아진다(표 7-2). 4월 이후부터는 알부터 성충까지 약 1주일 정도 소요되며 온도가 낮을 때에는 30일 이상 소요된다. 특히 저온에서는 휴면(hibernation)에 들어간다.

표 7-2 점박이응애의 온도별 발육 기간(Sabelis, 1981)

발육 단계	온도(℃)에 따른 발육일				
	15	20	25	30	35
알	14.3	6.7	4.3	2.8	2.4
유충	6.7	2.8	1.8	1.3	1.0
제1약충	5.3	2.3	1.5	1.2	1.0
제2약충	6.6	3.1	2.0	1.4	1.3
전체 발육 기간	32.9	14.9	9.6	6.7	5.7

점박이응애를 포함한 대부분의 잎응애류는 고온 건조한 환경을 가장 좋아한다. 3월 이후부터 응애 발생이 눈에 띄게 많아지는 이유가 여기에 있다. 성충은 하루에 10여 개의 알을 낳으나 작물의 종류에 따라 차이가 있다. 일생 동안 약 50~200여 개를 산란하며 성충으로 월동하는데, 월동한 성충은 붉은색을 띤다. 잎응애류는 밀도가 높거나 먹이가 부족할 때에는 거미줄을 이용하여 이동한다. 거미줄은 자신과 알을 보호하는 데 이용하기도 한다. 또한 작물체의 위로 기어올라 가려는 습성을 갖는다.

1.2.2 가해 특징

점박이응애를 포함한 잎응애류는 알 단계를 제외한 유충, 약충, 성충 단계 모두 식물의 조직을 빨아 먹고 피해를 준다. 피해를 받은 식물은 흰색 또는 연노란색의 반점이 생기며, 심하면 작은 백황색 반점이 뚜렷이 나타난다(그림 7-14). 피해 받은 잎은 엽록소가 파괴되어 광합성을 정상적으로 진행하지 못하기 때문에 결국은 식물체를 조기낙엽 또는 고사시킨다. 잎응애류는 밀도가 아주 높으면 식물체를 거미줄로 덮어 상품성을 떨어뜨리고 더 이상 먹을 것이 없으면 거미줄을 바람에 날려 다른 작물로 이동하여 피해 면적을 넓힌다.

그림 7-14 아스파라거스에 피해를 입히는 점박이응애. 알과 약충도 함께 관찰된다.

1.2.3 살펴보기

점박이응애를 포함한 잎응애류는 크기가 너무 작아서 육안으로 관찰이 힘들기 때문에 초기 발생시 인지하기 어려우므로 세심한 주의가 요구된다. 대부분 작물의 잎이 변색될 무렵이거나 거미줄이 형성될 시기에 뒤늦게 발견한다. 반드시 돋보기(루페)를 이용하여 작물의 잎 뒷면을 주의깊게 살펴야 한다. 이때 알 상태도 확인해야 하며 5~7일 간격으로 정기적인 살펴보기가 요구된다.

1.3 아스파라거스 잎벌레(*Crioceris quatuordecimpunctata*)

아스파라거스 잎벌레는 딱정벌레목(Coleoptera), 잎벌레과(Chrysomelidae)에 속하는 곤충으로 전 세계적으로 아스파라거스를 가해하는 잎벌레 종류는 크게 3종류로 나뉜다: *Crioceris asparagi, Crioceris duodesimpunctada, Crioceris quatuordecimpunctata*. 이 중 국내에 서식하는 종은 *C. quaturordecimpunctata* 한 종이다(그림 7-15). 성충과 유충 모두 아스파라거스 순, 잎, 줄기를 갉아먹어 피해를 입힌다. 성충은 무당벌레보다 길쭉하며 더듬이가 길고 딱지날개에 14개의 검은색 반점과 앞가슴에도 반점이 잘 발달해 있다. 아스파라거스 잎벌레는 제주도의 경우 봄 수확이 시작되는 3월 중순경부터 발생하며 이시기에 대발생할 경우 봄 순을 갉아 먹게 되어 상품성이 크게 떨어진다. 강원도를 포함한 북부 지방에서는 아스파라거스 잎벌레는 문제시 되지 않는다.

그림 7-15 아스파라거스 잎벌레 성충

1.4 담배거세미나방(*Spodoptera litura*)

담배거세미나방은 나비목(Lepidoptera) 밤나방과(Noctuidae)에 속하는 곤충으로 남부지방에서 많이 발생하며 연 5세대를 경과하는 것으로 추정된다. 성충의 발생시기는 5월 상순, 6월 중 · 하순, 7월 하순, 8월 하순, 9월 중 · 하순으로 성충 발생 최성기인 4세대 발생기는 8월 하순으로 알려져 있다. 유충이 작물을 가해하는데 낮에는 잎 뒷면, 줄기 또는 지표면 토양 속 등에 숨어 있다가 밤에 활동하며 가해하기 때문에 관찰하기가 쉽지 않다(그림 7-16). 많은 지역의 농가에서 파밤나방, 배추좀나방 등 나방의 애벌레를 청벌레로 통칭하여 일컫는데 이들 나방류 해충의 유충은 어린 시기에는 살충제에 대한 감수성이 높아서 비교적 쉽게 방제가 되지만 3령 유충 이후부터는 살충제에 대한 저항성이 높아져 방제가 어렵기 때문에 방제에 주의해야 한다.

그림 7-16 담배거세미나방 성충과 5령 유충(사진출처: 국가자연사연구종합정보시스템)

1.5 기타 해충

제주도에서 3년간 아스파라거스를 가해하는 해충을 조사한 결과 위에서 언급한 주요해충 이외에도 하와이총채벌레(*Thrips hawaiiensis*), 차애모무늬잎말이나방(*Adoxophyes honmai*), 파밤나방(*Spodoptera exigua*), 왕담배나방(*Helicoverpa armigera*), 도둑나방(*Mamestra brassicae*), 네눈쑥가지나방(*Ascotis selenaria*), 줄고운가지나방(*Ectropis excellens*), 선녀벌레(*Geisha distinctissima*), 목화진딧물(*Aphis gossypii*), 복숭아혹진딧물(*Myzus persicae*), 청동풍뎅이(*Anomala albopilosa*), 달팽이(*Acusta despecta sieboldiana*), 그리고 작은뾰족민달팽이(*Deroceras reciculatum*) 등 5목(order), 16종(species)의 해충이 관찰되었다(Choi et al., 2014).

02 아스파라거스 해충 방제

아스파라거스에 발생하는 대부분의 해충은 크기가 상대적으로 커서 육안으로 쉽게 확인이 가능하기 때문에 적절한 시기에 방제를 하면 큰 어려움을 초래하지는 않는다. 그러나 총채벌레와 응애의 경우 크기가 매우 작기 때문에 자칫 초기 방제시기를 놓치게 되면 심각한 피해를 초래한다. 특히, 파총채벌레의 경우 일부 국가에서 검역 해충으로 지정되어 있어 수출시 주의를 요하며 해당 국가에서 검역 해충으로 지정되어 있지 않다 하더라도 무감염 증명을 해야 하는 만큼 방제에 만전을 기해야 한다.

2.1 총채벌레 방제

아스파라거스에 발생하는 주요 해충에 대한 방제는 주로 살충제를 처리하는 화학적인 방법에 의존하였다. 그러나 최근 꽃노랑총채벌레 등 약제 저항성 계통의 출현이 지속적으로 보고되고 있어 화학적 방제만으로는 효과적인 방제가 힘든 것으로 알려져 있다(Cho et al., 2000; Bielza et al., 2007).

아스파라거스에 적용가능한 살충제는 현재까지 21종이 등록되어 있으나(RDA, 2017), 대부분의 제품이 동일한 주성분을 가진 제품(주성분: 에마멕틴 벤조에이트)이며 오직 5종류만이 다른 성분을 가진 살충제로 등록되어 있다. 최근에 등록된 5종류는 아스파라거스에 대한 실험에서 약해도 없고 파총채벌레에 대해 우수한 방제효과를 나타내는 살충제이다(GWARES, 2015). 그러나 아스파라거스의 경우 봄 수확기에는 매일 수확하기 때문에 살충제 처리가 불가능하다. 아스파라거스 총채벌레 방제를 위한 연구는 대부분 수확 후 처리에 중심을 두어 포스핀 훈증(Liu, 2008), 비눗물(Waller, 1990), CA 처리(Potter et al., 1994), 또는 초음파를 이용하는 방법(van Epenhuijsen et al., 1997)에 대한 연구가 진행되었다.

이산화탄소 훈증(CA 처리)은 유럽, 미국, 호주 등지에서 20세기 후반부터 광범위하게 이용되었으며, 특히 농산물의 해충을 방제하기 위해 주로 사용되는 메틸브로마이드를 대체하기 위한 수단으로 많은 관심을 끌었다(Mitcham et al., 2006). 이산화탄소를 이용한 해충 방제는 1990년대부터 총채벌레를 대상으로 몇몇 연구가 이루어졌으며 최근 고농도의 이산화탄소를 이용하여 총채벌레 알에 대한 살충력 평가가 이루어졌다(Seki & Murai, 2012). 또한 이산화탄소를 이용한 해충 방제시 아스파라거스의 품질에 미치는 영향에 대한 연구도 진행되었다(Corrigan & Carpenter, 1993). 그러나 대부분의 연구는 성충을 대상으로 살충력 평가가 이루어졌으며 유충에 대한 연구는 극히 일부분만 수행되었다(Mitcham et al., 1997; Page et al., 2002). 최근 연구결과에 따르면 유충의 경우 성충을 살상할 수 있는 조건에서도 살아남아 다른 전략이 필요함을 보여주었다(Kim, 2017).

2.1.1 화학적 방제(Chemical control)

화학물질을 이용하여 해충을 방제하는 것을 화학적 방제라 한다. 유기합성 살충제는 제2차 세계대전 후 현재까지 해충 방제의 주축이 되어왔다. 이러한 살충제가 농업생산의 증대, 안정화 그리고 곤충이 매개하는 사람의 질병(예. 말라리아)을 감소시키는 데 큰 공헌을 하였다. 그러나 현재 살충제를 포함한 농약 사용에 따른 여러 부작용(예. 토양오염, 수질오염, 저항성 문제 대두 등)으로 많은 비난을 받고 있으나 농업생산에 있어서의 농약사용은 필수 불가결한 것이 현실이다. 특히, 최근의 살충제 개발 방향은 자연계에서 분해가 쉽고 사람을 포함한 농눌에 내해 독성이 미미하며 또한 적은 양으로도 큰 효과를 나타내는 약제의 개발을 목표로 하고 있다. 또한 세균이 생산하는 독소를 이용한 제품(예. Bt)이나 곤충생장조절제(IGRs) 등과 같은 높은 선택성을 가지며 기존 살충제와는 살충 기작이 다른 살충제들이 등장하여 기존의 살충제에 대한 부정적 인식을 완화시키는 데 큰 공헌을 하고 있다. 아스파라거스에 적용가능한 살충제는 21종이 등록되어 있으나(RDA, 2017), 대부분의 제품이 동일한 주성분을 가진 제품이며 오직 5종류만이 다른 성분을 가진 살충제로 등록되어 있다(표 7-3).

표 7-3 아스파라거스 적용 가능한 살충제 목록(http://pis.rda.go.kr)

등록번호	품목명(주성분)	제품명	제조사	등록일
19-살충-167	에마멕틴벤조에이트 유제	동작그만	인바이오(주)	20170329
78-살충-19	에마멕틴벤조에이트 유제	맥스팜	(주)신농팜케미컬	20170714
129-살충-7	에마멕틴벤조에이트 유제	말라타	(주)다보인터내셔널	20161101
52-살충-137	에마멕틴벤조에이트 유제	파일럿	(주)한얼싸이언스	20160905
122-살충-1	에마멕틴벤조에이트 유제	동작그만	에이치바이오텍	20161116
48-살충-30	에마멕틴벤조에이트 유제	킹팜골드	(주)태준아그로텍	20160331
29-살충-15	에마멕틴벤조에이트 유제	워록	한국마간(주)	20151023
50-살충-226	에마멕틴벤조에이트 유제	닥터팜	(주)아그로텍	20141217
70-살충-4	에마멕틴벤조에이트 유제	파일럿	(주)한얼싸이언스	20121226
46-살충-21	에마멕틴벤조에이트 유제	신무기	아리스타라이프사이언스 코리아(주)	20140428
64-살충-9	에마멕틴벤조에이트 유제	메가히트	(주)신영아그로	20130221
56-살충-9	에마멕틴벤조에이트 유제	킹팜골드	(주)태준아그로텍	20130923
63-살충-4	에마멕틴벤조에이트 유제	클라스	(주)오더스	20130610
85-살충-12	에마멕틴벤조에이트 유제	모스파워	(주)케이씨생명과학	20130221
32-살충-2	비티아이자와이지비413 액상수화제	솔빛채	(주)그린바이오텍	20030327
46-살충-303	클로란트라닐리프롤 입상수화제	알타코아	(주)팜한농	20080407
46-살충-283	비스트리플루론 유제	하나로	(주)팜한농	20060929
50-살충-116	아크리나트린 액상수화제	총채탄	(주)아그로텍	20050120
3-살충-213	피리달릴 유탁제	알지오	(주)동방아그로	20040403
3-살충-161	클로르페나피르 유제	렘페이지	(주)동방아그로	19981128
14-살충-153	클로르페나피르 유제	렘페이지	한국삼공(주)	19970128
14-살충-95	에토펜프록스. 펜토에이트 수화제	로드	한국삼공(주)	19890619
46-살충-313	스피네토람 입상수화제	델리게이트	(주)팜한농	20090330
2-살충-13	에마멕틴벤조에이트 유제	에이팜	신젠타코리아(주)	19990304
8-살충-22	비티아이자와이 입상수화제	젠타리	(주)농협케미컬	19990127

최근 중국에서 수행된 연구결과에 따르면 꽃노랑총채벌레의 경우 총채벌레 방제에 일반적으로 이용되는 스피노사드(spinosad) 성분의 살충제에 저항성을 획득한 것으로 알려졌다(Li et al., 2016). 스피노사드는 스피노신(spinosyn)

계열의 살충제로 곤충의 신경계에 존재하는 니코틴성 아세틸콜린 수용기(Nicotinic acetylcholine receptor(nAChR))에 작용한다. 국내에는 올가미(팜한농), 부메랑(신젠타), 촌장(경농) 등을 포함하여 11개 제품이 등록되어 판매되고 있다. 또한 꽃노랑총채벌레는 네오니코티노이드(neonicotinoids) 계열 살충제인 치아메톡삼(티아메톡삼, thiamethoxam)과 이미다클로프리드(imidacloprid) 등에 대한 저항성이 특히 높은 것으로 알려졌다. 이는 초기 방제가가 높은 해당 약제의 지속적인 살포에 의한 것으로 알려졌다. 특히 치아메톡삼과 이미다클로프리드를 주요 성분으로 하는 살충제는 각각 22종, 86종이 등록되어 있어 일반적으로 가장 광범위하고 빈번하게 사용되는 살충제 중의 하나이다. 아세타미프리드, 클로치아니딘, 디노테퓨란, 이미다클로프리드, 치아클로프리드, 치아메톡삼은 모두 네오니코티노이드계 살충제로 니코틴성아세틸콜린수용체(Nicotinic acetylcholine receptor)에 작용하기 때문에 살충 기작이 완전히 동일하다. 따라서 아세타미프리드에 저항성을 가진 곤충은 동일한 방법으로 작용하는 다른 약제에 대해서도 저항성을 갖는 교차저항성을 획득하기 때문에 약제의 효능이 저하된다. 따라서 살충제를 처리할 경우에는 저항성 또는 교차저항성 획득을 최소화하기 위해 작용점(작용방법)이 상이한 약제를 교호살포해야 함을 반드시 명심해야 한다. 살충제의 작용방법에 따른 분류는 IRAC(Insecticide Resistance Action Committee)의 분류표를 참고하여 해당 약제의 작용밥법을 정확하게 숙지한 다음 적용해야 교차저항성 획득을 최소화할 수 있다. 현재까지 아스파라거스 적용가능한 살충제의 주요성분 및 살충 기작을 표 7-4에 명시하였다. 농촌진흥청 농약등록현황에 아스파라거스 적용 살충제로 등록은 되어 있지 않지만 빈번하게 이용하고 있는 아세타미프리드(acetamiprid)의 경우 잔류량은 살포 후 3일이 경과하였을 때 급격히 감소하여 잔류허용량(0.1mg/kg) 미만으로 검출되었고 5일이 경과하였을 때 정량한계 미만(<0.02mg/kg)으로 감소하므로, 수확 7일 전 1회 살포하는 것은 적용되는 농약잔류허용기준에 아무런 문제가 되지 않을 것으로 보인다(Kim et al., 2015).

표 7-4 아스파라거스 적용 가능 살충제의 성분에 따른 작용부위 및 방법. (보다 자세한 내용은 www.irac-online.org/modes-of-action/ 참고)

성분	분류번호	작용부위	작용방법
Emamectin benzoate	6	Nerve/muscle action	Chloride channel activators
Chlorantraniliprole	28	Nerve/muscle action	Ryanodine receptor modulaors
Bistrifluron	15	Growth regulation	Inhibitors of chitin biosynthesis
Acrinathrin	3A	Nerve action	Sodium channel modulators
Pyridalyl	UN	Unknown	Unknown
Chlorfenapyr	13	Energy metabolism	Uncouplers of oxidative phosphorylation via disruption of the proton gradient
Etofenprox / phenthoate	3A 1B	Nerve action Nerve action	Sodium channel modulators Acetylcholinsterase inhibitors
Spinetoram	5	Nerve action	Nicotinic acetylcholine receptor allosteric activators

2.1.2 물리적 방제(Physical control)

(1) 방충망

방충망을 이용하여 총채벌레의 포장내 유입을 물리적으로 차단하는 것으로 2014년 일본에서 오이재배 온실에서 측창에 0.6mm 적색망을 설치하여 오이황화괴저병을 매개하는 꽃노랑총채벌레의 유입을 차단한 사례와 꽃도라지 시설재배 출입구에 0.6mm 방충망을 설치하여 시설 내 파총채벌레 수가 현저하게 감소하였음을 보여준 연구(Fujinaga et al., 2007)가 대표적이다.

또한 그러나 최근 환경제어 조건에서 방충망을 이용한 꽃노랑총채벌레의 물리적 방제에 대한 연구에서 일본에서 사용한 망과 동일한 크기인 0.6mm 적색망의 경우 꽃노랑총채벌레에 대한 차단효과가 51%에 불과하였으며, 100% 완벽한 차단효과를 위해서는 눈금이 0.2mm인 흑색망을 사용해야 한다(Jung et al., 2016). 그러나 눈금이 0.2mm인 망을 아스파라거스 측창에 적용할 경우 공기 순환에 악영향을 초래하기 때문에 통기 문제로 적용하기가 현실적으로 쉽지 않다.

(2) 세척(washing)

수확 후 아스파라거스 머리에 숨어 있는 총채벌레를 제거하기 위하여 세제(insecticidal soap)를 이용하는 방법이다. 세제를 희석하여 1~2% 농도의 세제 물의 온도를 17~20℃로 유지한 다음 아스파라거스를 30분 동안 담근 후 흐르는 물에 5분 정도 세척하면 97% 이상의 총채벌레 제거효과를 볼 수 있다(Waller, 1990). 그러나 높은 온도는 신선도 유지에 좋지 않기 때문에 2~4℃의 물에 15분 동안 아스파라거스를 담궈도 대부분의 총채벌레를 제거할 수 있다.

(3) 이산화탄소(carbon dioxide)

이산화탄소에 의한 곤충의 살충효과는 대기 중 높은 농도의 이산화탄소로 인해 상대적으로 산소농도가 낮아지고 이로 인해 곤충은 좀 더 오랜 시간 동안 기문(spiracle)을 열게 되어 몸속의 수분을 잃음으로써 죽는 것으로 알려져 있다(그림 7-17). 아스파라거스에 발생하는 파총채벌레를 방제하기 위한 최근 연구를 살펴보면 고농도(60%)의 이산화탄소 농도에서 온도와 처리 시간에 따른 살충효과는 저온(4℃)에서는 처리 시간에 따라 91~96%의 살충효과를 나타냈으나 고온(20℃)에서는 100% 살충률을 나타냈다. 그러나 40%의 이산화탄소 농도에서 100% 살충률을 나타내기 위해서는 24℃에서 24시간 동안 처리하였을 때 가능하였다(Kim, 2017). 특히, 유충의 경우 성충에 비해 훨씬 낮은 살충율을 보였는데 상대적으로 저농도인 40% 농도의 24℃에서 24시간 처리했을 경우에만 유일하게 100% 살충률을 보여 유충에 대해서는 농도보다는 온도가 중요하다(그림 7-18). 수확한 아스파라거스를 저장하는 온도인 2~4℃에서는 최소한 72시간 동안 고농도의 이산화탄소를 처리하여야만 효과적인 살충을 기대할 수 있다.

그림 7-17 이산화탄소 처리 후 아스파라거스 머리 부분에서 발견된 죽은 파총채벌레 성충

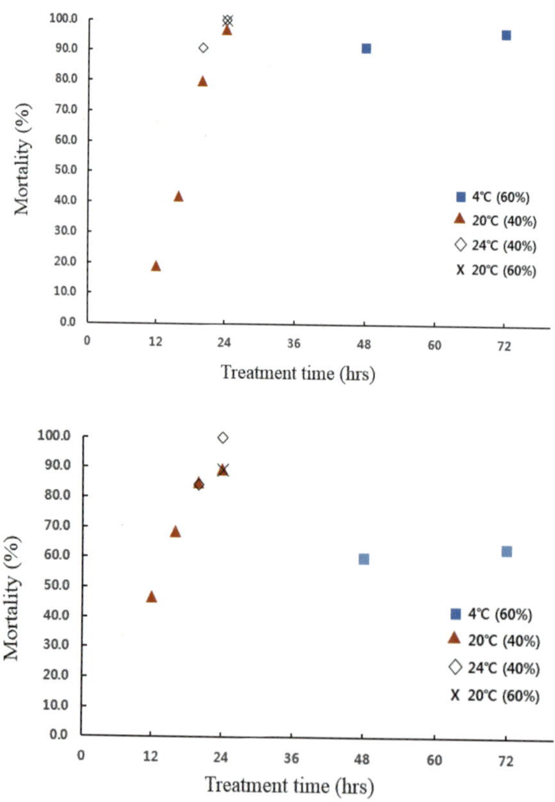

그림 7-18 이산화탄소 농도, 온도, 처리 시간에 따른 파총채벌레 성충 및 유충에 대한 살충효과를 살펴본 결과 처리 시간 보다는 처리 온도가 중요함을 알 수 있다.

(4) 끈끈이트랩 + 총채벌레 유인제

끈끈이트랩(sticky trap)은 주로 총채벌레 예찰에 사용하지만 다량포획/살충에도 사용된다. 총채벌레의 경우 종류에 따라 유인되는 색깔이 다른데, 특히 꽃노랑총채벌레와 대만총채벌레의 경우 황색보다는 백색에 더 잘 유인되고, 파총채벌레의 경우 청색에 더 잘 유인되기 때문에 대상 해충의 종류에 따라 끈끈이트랩의 색상도 달라져야 한다(그림 7-19). 그러나 이에 대해서는 상반된 연구결과도 상당 수 존재하기 때문에 신중한 선택이 필요하다. 총채벌레 유인제는 단독을 사용하지 않고 끈끈이 트랩과 함께 사용하여 초기예방 및 살충제를 사용할 수 없는 수확기에 이용할 수 있는 친환경적인 방법이다.

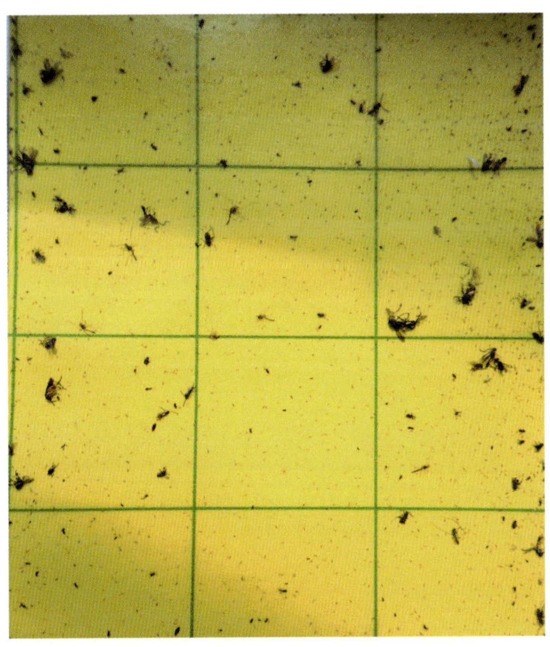

그림 7-19 끈끈이트랩에 포획된 파총채벌레. 작은 점으로 보이는 것이 파총채벌레이다.

페로몬트랩(pheromone trap)은 주로 곤충들이 의사소통(communication)을 위해 사용하는 페로몬을 이용해 해충의 예찰 및 방제에 이용하는 것으로 주로 나방류 해충을 대상으로 개발되어 사용되고 있다(그림 7-20). 최근 메틸 아이

소니코티네이트(methyl isonicotinate(MI))가 개발되어 총채벌레 방제에 이용되고 있다. 네덜란드의 천적을 이용한 생물학적 방제 및 꽃가루 수정 분야에 세계적인 권위를 갖고 있는 코퍼트(Koppert)사는 최근 광범위 총채벌레 유인제인 LUREM-TR을 출시해 총채벌레의 다량포획(mass trapping), 유인살충(lure and kill) 등에 활용하고 있다.

그림 7-20 네덜란드 코퍼트사에서 생산한 총채벌레 유인제 LUREM-TR. 끈끈이 트랩과 함께 설치한다.

2.2 기타 해충 방제

총채벌레를 제외한 나방류, 잎벌레류 해충의 경우 살충제 처리도 효과이기는 하나 세균독소를 이용하는 방법(*Bacillus thuringiensis aizawai, Bacillus thuringiensis kurstaki* 등), 곤충병원성 선충(*Steinernema carpocapsae,*

Steinernema glaseri, Steinernema 등), 그리고 페로몬 트랩(pheromone trap) 등 친환경적인 방법을 이용하면 효과적인 방제가 가능하다.

2.2.1 세균(미생물)을 이용한 방제

바실루스 세균 및 세균이 생성한 독소는 곤충이 몸으로 들어가면 장에서 작용하여 장의 기능을 제대로 하지 못하게 하여 곤충을 죽게 만든다. 이들 세균은 기주 특이성이 강하기 때문에 특정한 세균은 특정한 곤충에게만 작용하게 된다. 예를 들어, 비티아이자와이(*Bacillus thuringiensis aizawai*)의 경우 나비목 곤충(나비, 나방)의 유충에만 작용하며, 비티쿠르스타키(*Bacillus thuringiensis kurstaki*)의 경우 나비목곤충의 유충과 파리목 곤충의 유충을 살충할 수 있는 독소를 동시에 생산해 내기 때문에 이들 모두에게 작용하여 살충효과를 나타낸다. 우리나라에는 비티아이자와이, 비티쿠르스타키를 주성분으로 하는 제품 11종류가 승인·등록되어 있는데, 이들 제품 모두는 나비/나방 유충을 대상으로 등록되어 있다. 그 중 솔빛채(그린바이오텍)와 젠타리(농협케미컬) 두 종류는 아스파라거스 남배서세미나방 방제용으로 등록되어 있다(표 7-5).

표 7-5 우리나라에서 판매되는 비티세균을 이용한 제품목록.

세균	대상 해충	제품명	회사명
B. t. aizawai	나방 유충	젠타리	농협케미컬
		토박이	팜한농
		솔빛채	그린바이오텍
B. t. kurstaki	나방 유충	그물망	팜한농
		스콜피온케이	한얼싸이언스
		영일비티	농협케미컬
		이비엠오케이	인바이오
		튠업	경농
		비결	아그로텍
		바이오비트	동방아그로

2.2.2 곤충병원성 선충(천적)을 이용한 방제

곤충병원성 선충은 토양에 서식하는 선충(nematode)으로 기주 곤충의 몸속에 침입하여 기생하는 선충을 말하며 이들도 곤충병원성 세균과 마찬가지로 기주 특이성이 강하다. 일반적으로 다양한 해충의 방제를 위해 광범위하게 이용되는 종류인 풀쐐기병원선충(*Steinernema carpocapsae*), 담배나방병원선충(*Heterorhabditis bacteriophora)*의 경우 나비목곤충, 딱정벌레, 파리 등 다양한 곤충의 유충을 감염하여 살충효과를 나타내는 반면, *Steinernema scapterisci*는 귀뚜라미와 땅강아지만 감염시키고, *Steinernema feltiae*는 파리유충만 감염시키며, *Steinernema kushidai*와 *Steinernema scarabaei*는 딱정벌레 중에서 풍뎅이 유충만 감염시키는 것으로 알려져 있기 때문에 이들을 포장에 적용할 때에는 기주특이성을 충분히 파악한 후에 적용해야 한다. 그러나 이들 곤충병원성 선충은 꿀벌부채명나방(*Galleria mellonella*) 유충을 이용하여 대량생산하며 실험적으로는 배지에서도 사육이 가능하기 때문에(그림 7-21~7-23) 이들이 비록 기주특이성을 가지고 있다고는 하지만 기주로 알려진 곤충 이외에 다른 곤충에도 감염이 가능한 것으로 보인다. 곤충병원성 선충은 몸속에 지니고 있는 특이성이 강한 세균을 곤충 몸속에 주입하여 패혈증을 일으켜 죽게 만드는데 보통 곤충병원성 선충이 곤충 몸속에 침입한지 48시간 이내에 곤충은 죽게 된다. 우리나라에는 나방류 해충 방제를 위해 2종류의 광범위한 기주를 대상으로 감염을 일으키는 선충을 이용한 제품 3종류가 유기농업자재(천적)로 등록되어 있다(표 7-6). 아직까지 나방류 해충을 방제하기 위하여 곤충병원성 선충을 아스파라거스 포장에 적용한 사례는 없으나 활용가능성은 충분하다.

표 7-6 우리나라에서 유기농업자재(천적)로 등록된 곤충병원성 선충 제품

선충	상표명	회사명
Steinernema carpocapsae	에코윈-에스(S)	에코윈
Heterorhabditis bacteriophora	에코윈-에이치(H)	에코윈
Steinernema carpocapsae	엔비-에스씨	SJ인터내셔날

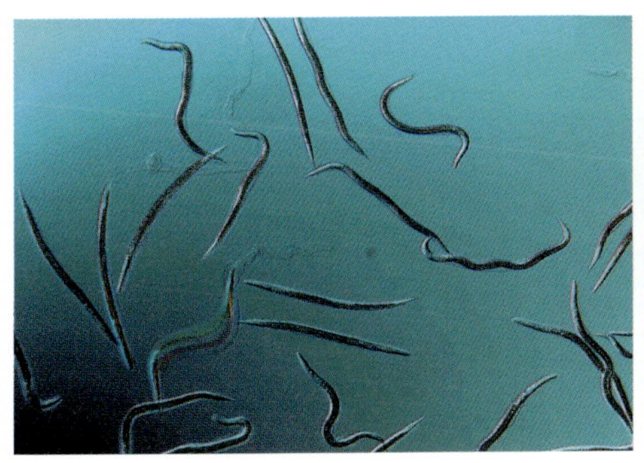

그림 7-21 곤충병원성선충은 활물기생체(obligate parasite)이지만 조건을 잘 맞추면 배지에서 배양이 가능하다(왼쪽).

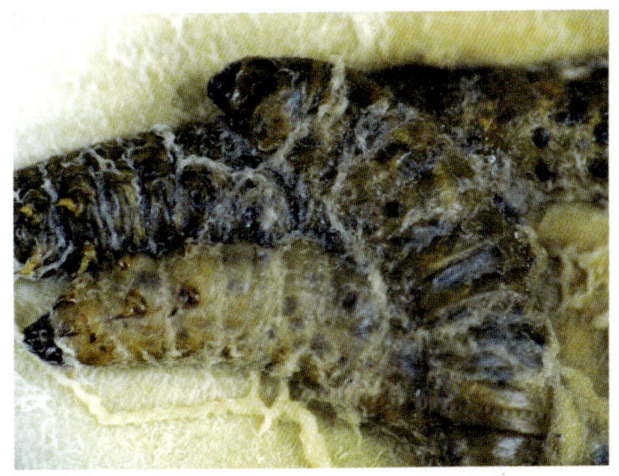

그림 7-22 곤충병원성 선충인 풀쐐기병원선충이 꿀벌부채명나방 유충을 감염하여 죽인 후 몸에서 나오고 있다.

그림 7-23 곤충병원성 선충인 담배나방병원선충을 꿀벌부채명나방 유충을 이용하여 증식한다. 유충에서 빠져나온 선충은 물이 담겨 있는 큰 페트리 접시로 이동한다. 이 선충에 감염된 유충은 붉은 갈색을 띠며 몸이 부풀어 오르는 특징을 보인다.

참고문헌

Anonymous. 2002. Pest management in the future. A strategic plan for the Michigan asparagus industry. Workshop Summary. Michigan State University. 43pp.

Anonymous. 2013. Pests and diseases in the cultivation of asparagus. Limgroup. Available from (https://www.limgroup.eu/applications/limgroup-productsite/assets/books/en/files/limboekENGnet1.pdf)

Bethke, J. A., S. H. Dreistadt, and L. G. Varela. 2014. Thrips. Pest Notes. University of California Agriculture and Natural Resources. Publication 7429.

Bielza, P., V. Quinto, J. Contreras, M. Torne, A. Martin, and P. J. Espinosa. 2007. Resistance to spinosad in the western flower thrips, *Frankliniella occidentalis* (Pergande), in greenhouses of southeastern Spain. Pest Management Science 63: 682-687.

Chisholm, I. F. and C. C. Doncaster. 1982. Studying and recording the feeding behavior of thrips. Entomologia Experimentalis et Applicata 31: 324-327.

Cho, M. R., H. Y. Jeon, and S. Y. Na. 2000. Occurrence of *Frankliniella occidentalis* and *Tetranychus ulticae* in rose greenhouse and effectiveness of different control methods. Journal of BioEnvironmental Control 9: 179-184.

Choi, K. S., J. H. Song, J. Y. Yang, H. R. Choi, and D. S. Kim. 2014. Pest species, damages and seasonal occurrences on greenhouse cultivated asparagus in Jeju, Korea. Korean Journal of Applied Entomology 53(3): 231-237.

Corrigan, V. K. amd A. Carpenter. 1993. Effects of treatment with elevated carbon dioxide levels on the sensory quality of asparagus. New Zealand Journal of Crop and Horticultural Science 21: 349-357.

Fujinaga, M., S. Furuhata, C. Yoneyama, K. Miyamoto, M. Miyasaka, and H. Ogiso. 2007. Seasonal prevalence of *Iris Yellow Spot Virus* viruliferous *Thrips tabaci* on sticky blue sheets beside an onion field and the effect of insect-proof nets in preventing invasion. Annual Report of the Kanto-Tosan Plant Protection Society 54: 89-92.

GWARES, 2015. Results of R&D on agricultural science technology in 2015.

Jung, C. R., J. B. Yoon, K. H. Kim, G. J. Lee, J. W. Heo, and H. H. Kim. 2015. Colors and sizes of insect screen net influence physical control of *Bemisia tabaci* and *Frankliniella occidentalis* under controlled environments. Korean Journal of Enviromental Agriculture 35(1): 46-54.

IRAC. 2017. Insecticide Resistance Action Committee. [www.irac-online.org]

Kim, S. K. 2017. Insecticidal effect of carbon dioxide treatment on onion thrips (*Thrips tabaci*: Thripidae: Thysanoptera). Journal of Agricultural, Life and Environmental Sciences. 29(2): 87-93.

Liu, Y. B. 2008. Low temperature phosphine fumigation for postharvest control of western flower thrips (Thysanopera: Thripidae) on lettuce, broccoli, asparagus, and strawberry.

Journal of Economic Entomology 101(6): 1786-1791.

Mitcham, E. J., T. Martin, and S. Zhou. 2006. The mode of action of insecticidal controlled atmospheres. Bulletin of Entomological Research 96: 213-222.

Mithcam, E. J., S. Zhou, and V. Bikoba. 1997. Controlled atmospheres for quarantine control of three pests of table grape. Journal of Economic Entomology 90(5): 1360-1370.

Morrison, W. R., S. Linderman, M. K. Hausbeck, B. P. Werling, and Z. Szendrei. 2014. Disease and insect pests of asparagus. Michigan State University Extension Bulletin E3219.

Natwick, E. T. 2016. UC IPM pest management guidelines – asparagus. University of California Agriculture and Natural Resources. UC Statewide Integrated Pest Management Program. 50pp. (available from www.ipm.ucanr.edu/PDF/PMG/pmgasparagus.pdf)

Paek, M. K. et al. 2010. Checklist of korean insects. In: Paek, M. K. & Cho, Y. K. (eds.), Nature & Ecology Academic Series 2, Nature & Ecology, Seoul, Korea.

Page, B. B. C., M. J. Bendall, A. Carpenter, and C. W. van Epenhuijsen. 2002. Carbon dioxide fumigation of *Thrips tabaci* in export onions. New Zealand Plant Protection 55: 303-307.

Potter, M. A., A. Carpenter, A. Stocker, and S. Wright. 1994. Conrolled atmospheres for the postharvest disinfestation of *Thrips obscuratus* (Thysanoptera: Thripidae). Journal of Economic Entomology 87(5): 12151-1255.

RDA. 2017. Pesticide information service(http://pis.rda.go.kr/registstus/agchmRegistStus/prdlstInqire.do)

Sabelis, M. W. 1981. Biological control of two-spotted spider mites using thytoseiid predators. Part I: Modelling the predator-prey interaction at the individual level. Agricultural Research Reports, 910. PUDOC-Wageningen. 242 pp.

Seki, M. and T. Murai. 2012. Insecticidal effect of high carbon dioxide atmospheres on thrips eggs oviposited in plant tissue. Applied Entomololgy and Zoololgy 47: 433-436.

Seo, H. T. and G. C. Sung. 2013. Asparagus cultivation technique. Gangwon Provincial Agricultural Research & Extension Services. p38.

Ullman, D. E., J. J. Cho, R. F. L. Mau, W. B. Hunter, D. M. Westcot, and D. M. Custer. 1992. Thrips-tomato spotted wilt virus interaction: morphological, behavioral and cellular components influencing thrips transmission. pp195-240. In: J. J. Cho, D. M. Custer (eds.), Advances in disease vector research, Springer-Verlag New York, USA.

van Epenhuijsen, C. W., J. P. Koolaard, and J. F. Potter. 1997. Energy, ultrasound, and chemical treatments for the disinfestation of fresh asparagus spears. Proceedings of 50th New Zealand Plant Protection Conference 50: 436-441.

Waller, J. B. 1990. Insecticidal soaps for post harvest control of thrips in asparagus. Proceedings of the Forty Third New Zealand Weed and Pest Control Conference 1990: 60-62.

MEMO

제 8 장

아스파라거스 병해

식물 전염성 병은 감수성인 기주식물, 병원성이 강한 병원체, 그리고 비교적 장기간에 걸친 병 발생에 적합한 환경조건 등 식물병을 일으키는 구성요소(병 삼각형)가 적절하게 조합을 이룸으로써 발생한다. 국내에서는 6종의 균류병 발생이 보고되었으나 해외에서 발생하여 막대한 피해를 일으키는 녹병, 역병, 자색반점병 및 바이러스병은 아직 보고된 바가 없다(표 8-1). 아스파라거스에 발생하는 전염성 병의 방제를 위하여 방제에 사용되는 소재나 방법의 특성에 따라 여러 가지 수단이 가능하다. 병원체를 기주식물이 존재하는 지역으로부터 멀리 배제시키는 데 목적을 두는 법석 빙제법은 국내에 아직 발생하지 않은

표 8-1 아스파라거스에 발생하는 주요 전염성 병

병명	영명	병원균	
바이러스병	Asparagus Virus	*Asparagus Virus2*	국내 미보고
녹병	Rust	*Puccinia asparagi*	국내 미보고
역병	Phytophthora root rot	*Phytophthora megaspermae*	국내 미보고
줄기썩음병	Stem rot	*Fusarium oxysporum* f. sp. *asparagi*	조 등(1997)*
뿌리썩음병	Root and stem rot	*Fusarium oxysporum*	이 등(1991)*
자색반점병	Purple spot	*Stemphylium vesicarium*	국내 미보고
검은무늬병	Cercospora blight	*Cercospora asparagi*	나카다(1928)*
잿빛곰팡이병	Gray mold	*Botrytis cinerea*	조 등(1997)*
탄저병	Anthracnose	*Colletotrichum* sp.	나카다(1928)*
줄기마름병	Stem blight	*Phoma asparagi* *Phomopsis asparagi*	한식보지 12: 171(1973)*

*한국식물병목록(2009) 기재.

녹병, 역병, 자색반점병 및 바이러스 병에 적용할 수 있다. 경종적 방제법은 식물을 가능한 한 병원체와 접촉되지 않게 하고 포장에 있는 병원체를 제거하거나 감소하는 방법이며, 생물적 방제법은 병에 저항성인 품종을 이용하거나 병원체에 길항작용을 가지는 미생물을 방제에 이용하는 방법이다. 현재 국내에는 아스파라거스 병을 방제하기 위한 등록 살균제는 아직 없지만 식물에 도달하는 병원체를 미리 예방하거나 이미 감염된 병을 치료하는 화학적 방제 수단이 직접적이고도 효율적인 아스파라거스 병 방제법이 될 것으로 생각된다. 2017년 현재 잿빛곰팡이병 방제를 위한 살균제가 실험 중에 있고 다른 병에 대한 방제 살균제도 점차 확대 등록될 것이다.

01 잿빛곰팡이병

1.1 발생조건 및 전염경로

잿빛곰팡이병은 전 세계적으로 널리 분포하며 광범위한 기주식물를 갖는 것이 특징이다. 아스파라거스 이외에도 토마토, 딸기, 포도 등의 작물에 막대한 피해를 일으킨다. 또한 포장에서 뿐만 아니라, 저장 및 운송, 판매 중에도 열매와 채소류에 발병하기 때문에 그 피해가 더욱 심각한 병이다.

잿빛곰팡이병원균(*Botrytis cinerea*)의 생장 적온은 15~23℃이며 최저 2℃, 최고 31℃ 범위에서도 다소 느리지만 여전히 생장을 계속한다. 높은 온도와 습도에서 왕성하게 생장하고 병이 급속히 확산되며, 작물수확 후에 저온 저장 시에도 문제시 되는 병으로도 악명 높다. 낮은 온도와 습도에서는 균핵을 형성하여 장기간 생존하며, 적합한 환경이 되면 다시 번식한다. 높은 습도는 감염 및 병원균 확산에 매우 중요한 역할을 하며 병든 조직에서는 무수히 많은 분생포자가 형성되고 이는 비바람에 의해서 전반되어 다시 건전한 식물체를 감염하고 병을 확산시킨다. 분생포자는 경엽의 건전부에는 상대적으로 약하지만, 상처가 나거나 활력이 약한 조직에서 쉽게 침입하여 병을 일으킨다.

1.2 병징

병징은 생육시기와 기주식물에 따라 다양하다. 과채류에서 주로 꽃마름병과 열매썩음병을, 유묘에는 모잘록병을 그리고 줄기에는 궤양 및 썩음병을 일으킨다. 아스파라거스에서는 주로 지상부에서 마름병 증상을 나타내며 병든 조직에서는 회색의 곰팡이 균사체가 드러나기도 한다.

병원균은 병든 조직에는 균사체나 균핵의 형태로 존재하며 적합한 환경에서 발아하여 분생포자를 형성한다. 분생포자는 습할 때에 쉽게 방출되고 비와 바람에 의하여 전파된다. 저온 다습한 환경에서 발병이 심각하며 이른 봄부터 장마기까지 발생되다가, 고온 건조기에는 일시적으로 발병이 멈춘다. 시설재배지에서는 밀식이나 과번성으로 인한 통풍 및 습도 조절이 불량한 경우에 극심하게 나타난다.

1.3 방제

다습의 발병 환경조건을 개선하기 위해서 통풍 및 환기에 신경 써야 한다. 병든 식물을 제거하여 2차 전염원을 제거해야 하며, 낙엽에서도 번식할 수 있기 때문에 청결한 재배 환경을 유지하는 것이 중요하다. 밀식을 피하고 과번성을 막기 위한 경종적 방제가 요구된다. 아스파라거스를 대상으로 한 등록약제는 없지만, 일반적으로 잿빛곰팡이병 방제를 위한 생물농약으로 *Bacillus subtilis*, 효모균, 방선균, *Trichoderma* spp. 등이 사용되고 있다. 다량의 균핵으로 오염된 포장은 토양 소독을 시행한다. 잿빛곰팡이병을 효과적으로 방제할 수 있는 방법은 거의 없는 실정이므로 예방적 차원의 주기적인 살균제 살포가 일반적으로 추천되고 있다. 아스파라거스 잿빛곰팡이병 방제 살균제로 현재 등록이 진행 중인 살균제는 표 8-2와 같다.

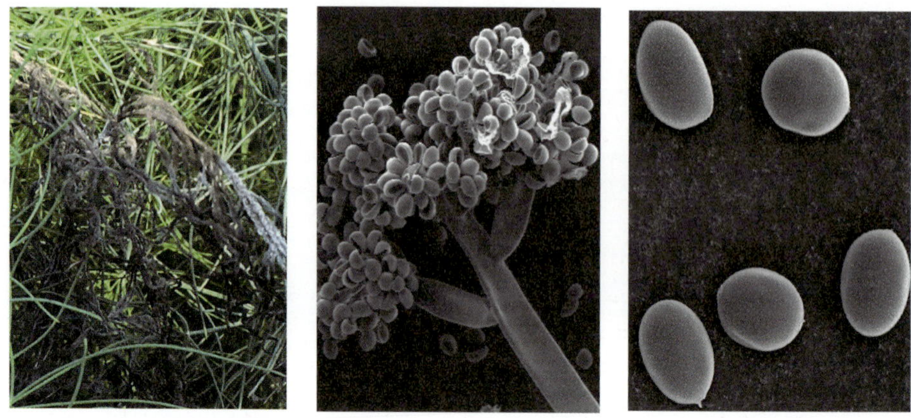

그림 8-1 아스파라거스 잿빛곰팡이병 병징 및 병원균의 분생포자와 분생포자경

그림 8-2 아스파라거스 잿빛곰팡이병 병징

표 8-2 2017년에 등록 추진 중인 아스파라거스 잿빛곰팡이 방제 살균제

품목명	상표명	주성분(%)	계통
피리메타닐 액상수화제	미토스	30	아닐리노피리미딘*
펜티오피라드 유제	크린캡	20	피라졸
플루디옥소닐 액상수화제	사파이어, 샤이나	20	페닐피롤
바실루스서브틸리스큐에스티713 수화제	세레나데맥스	5×10^9 cfu/g	생물농약
이프로디온 수화제	로브랄, 균사리, 로데오, 새시로	50	디카복시미드*

*저항성 위험도가 높은 약제는 사용시 관리가 필요.

02 줄기마름병(경고병)

2.1 발생조건 및 전염경로

병원균은 병든 식물체의 잔재에서 균사 또는 병자각의 형태로 월동하여 1차 전염원이 된다. 채종포장에서 발생되면 종자전염이 될 수 있다. 배수가 불량하고, 밀식하거나 질소질 비료를 많이 주면 병발생이 조장되며, 가을철 비가 자주 오고 습한 날이 많을 때 발생이 심하다.

줄기에서는 담갈색의 병반이 생겨 진전되면 병반이 줄기를 감싸므로 말라 죽게 된다. 병원균은 *Phomopsis asparagi*인데 자연상태에서는 병포자만 형성하며, 생장 적온은 30℃ 내외이다. 병든 식물의 병든 부위나 토양 속에서 균사 또는 병포자로 월동하며, 묘의 전염은 종자전염에 의하지만, 줄기 발병은 토양전염에 의하고 잎이나 열매의 발병은 병포자의 공기전염에 의한다. 배수불량, 밀식, 질소질 과용의 농원에 발병이 많으며 비가 자주 올 때 발병이 많다.

2.2 병징

초기에는 수침상 병징으로 나타난다. 수침상의 병반은 빠르게는 아스파라거스 순이 나오는 첫째 주에서부터 늦게는 6주까지 지속적으로 나타난다. 수침상의 병징은 광타원형의 변색 조직으로 진전되며, 가운데는 담갈색, 가장자리는 짙은 색을 띠게 된다. 이후에 병든 조직은 점차 쪼글쪼글해지고 병반의 가운데는 옅은 회색, 가장자리는 작은 크기의 흑색 소립점(병자각)들이 나타난다.

그림 8-3 아스파라거스 줄기마름병(경고병) 병징.

2.3 방제

초기에는 식물 잔재 관리가 매우 필수적이다. 전염원인 포자는 기하급수적으로 증가하기 때문에 감염된 이후에 전염원 제거는 거의 불가능하다. 파종 시 종자 소독을 하며 아스파라거스 순이 나올 때 식물 잔재와 접촉이 되지 않도록 하는 것이 최상의 방법이다. 서늘하고 습한 조건일 때 병 확산이 빠르게 발생하므로 이 시기에 감염된 조직을 제거하는 것이 필요하다. 최대한 토양에 떨어진 식물 잔재는 제거하여 소각한다. 아직까지 국내에는 등록된 화학농약은 전무한 실정이며, 국외에서는 미생물 농약과 carbendazim, chlorothalonil, iprodione, propiconazole 등의 살균제가 효과가 있는 것으로 보고되고 있다.

03 탄저병

3.1 발생조건 및 전염경로

탄저병은 전 세계적으로 작물, 풀, 콩과식물, 과일, 채소 그리고 다년생 작물부터 나무에 이르기까지 굉장히 넓은 기주 범위에 탄저병을 발생시킨다. 탄저병을 일으키는 *Colletotrichum* spp.는 넓은 기주 식물에 따라 수십여 종이 존재한다. 아스파라거스에 탄저병을 일으키는 대표적인 탄저병균은 *Colletotrichum gloeosporioides*로 20~30℃의 넓은 온도 범위에서 발병할 수 있다. 병원균의 생육 적온은 28~32℃로서 고온다습과 강우시 병 발생이 많다. 습도가 높을 때 분생자층(acevuli)에서 포자를 분출하게 되고, 빗물에 튀어 포자를 퍼뜨리는 것으로 잘 알려져 있다. 포자가 병을 일으키기 위하여 발아하여 기주 식물 표면에 침입구조인 부착기를 형성한다. 탄저병은 종자전염하는 대표적인 균으로 병든 종자 내외부에 붙어 전염된다. 전염원은 이병잔사에 섞여 토양 속에서 월동하며 지표면에 노출된 분생포자가 땅에 가까운 식물에 비산되어 전파된다.

3.2 병징

탄저병은 아스파라거스에 일반적으로 발생하는 병으로 주로 오래된 잎에 황색 병반을 형성하고 병반은 차츰 옅은 갈색으로 변한다. 고온다습한 조건에서는 병반이 확대되며, 심한 경우 잎이 썩기도 하며, 여름철 발병이 용이하다. 줄기에는 발생 초기 살색의 움푹 들어간 증상으로 시작하여 점차 확대되면서 흑색 소립이 형성된다. 온도가 높고 상대습도가 높은 때에는 분홍색의 포자로 된 점질물이 흘러나온다. 병원균의 포자는 끈끈한 점질물에 싸여 있으므로 바람에 의한 비산이 불가능하고 비바람, 폭풍우, 태풍 등 외부의 물리적 힘에 의하여 전파된다. 안개와 이슬도 병원균의 포자형성을 촉진하며 병든 과일에서 흘러내린 물방울로도 전파된다.

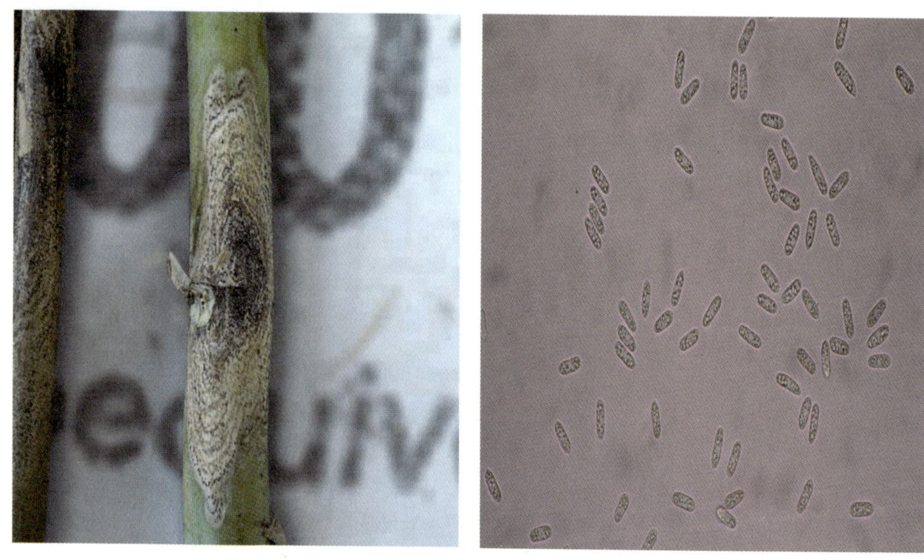

그림 8-4 아스파라거스 탄저병 병징 및 *Colletotrichum gloeosporioides* 분생포자

3.3 방제

적절한 비료와 관개 체제를 갖추게 되면 식물 성장이 좋아지고 병해가 감소한다. 낮은 습도를 위해 아스파라거스 정식시 바람이 행을 따라 잘 부는지 확인을 해야 하며, 물 주기는 높은 곳에서 뿌려 주는 것 보다 관주로 주는 것이 습도를 낮출 수 있다. 또한 아스파라거스에 발생하는 병해를 조기에 발견하고 초기에 조치를 취하면 확산을 최소화할 수 있다. 그리고 아스파라거스의 수확 주기가 끝나면 모든 병 들어있는 잔재물은 치우는 것이 특히 중요하다. 살균제를 이용한 아스파라거스 탄저병 방제를 위해서는 포자발아억제에 효과

가 있는 chlorothalonil, sulphur와 균사생장에 효과가 있는 copper hydroxide, propiconazole가 추천되어진다. 수확 후에는 chlorine, sodium hypochlorite, chlorine & bromine, chlorine dioxide 등의 소독제 처리로 병 발달 및 발생을 억제할 수 있다.

04 검은무늬병

4.1 발생조건 및 전염경로

검은무늬병은 한국뿐만 아니라 전 세계적으로 널리 분포하며, 특히 열대기후에서는 중요한 병해로 알려져 있다. 통풍이 안 되고 습도가 높은 기간에 발생한다. 병원균은 주로 병든 잎과 가지에서 균사와 분생포자로 존재하며, 식물 파편이나 아스파라거스 줄기 속, 그리고 토양이나 종자 등에 분생포자로 남아 생존할 수 있다. 수분이 충분하면 새로운 분생포자가 형성되어 비 또는 물 주기할 때 생기는 물방울이나 바람을 타고 다른 잎이나 식물에 병을 일으킨다. 병원균의 생육 및 포자형성 최적온도는 낮은 25~35℃이며 밤은 18℃ 이상, 상대 습도는 90~95%이다. 6월에서 8월 사이 강수량과 습도에 의해 병 발생에 대한 영향을 많이 받는다. 기온이 15℃ 미만으로 떨어지거나 습하지 않는 기간에는 감염이 크게 감소하거나 존재하지 않는다.

4.2 병징

검은무늬병의 원인균은 *Cercospora asparagi*이며 아스파라거스의 바늘모양의 잎과 가지에 작은 타원형에서 반원형으로 옅은 황갈색에서 적갈색 테두리로 병징이 나타난다. 그리고 연속적으로 높은 습도 하에서 대량의 포자형성으로 회색의 면화가 일어난다. 감염된 잎이나 가지는 가죽이나 햇빛에 그을린 것처럼 보이고, 고사되면서 식물 전체의 활력을 약화시킨다. 약해진 식물은 다른 병원균에 대한 저항력을 떨어뜨려 경제적 손실을 크게 저하시키는 요인이 된다.

4.3 방제

다른 병들과 마찬가지로 통기성을 좋게 하고 습도를 낮추어 병이 발생하지 않은 조건을 유지하는 것이 중요하다. 관개시설을 사용하는 경우 물이 행 사이를 통과하여 꼭대기 부분이 습하지 않도록 해준다. 그리고 식물 잔재물을 없애 1차 감염원을 제거해준다. 발병 초기나 예방을 위하여 maneb, mancozeb, zineb 등의 살균제를 처리하면 효과를 볼 수 있다.

그림 8-5 검은무늬병 병징 및 병원균의 분생포자

05 줄기 및 뿌리썩음병

5.1 발생조건 및 전염경로

아스파라거스 줄기 및 뿌리썩음병은 *Fusarium. oxysporum* f. sp. *asparagi, F. proliferatum, F. moniliforme, F. redolens, F. acumintum, F. avenaceum, F. culmorum, F. redolens, F. solani, F. sambucinum, F. cerealis, F. equiseti, F. flocciterum* 균 등에 의한 썩음병으로 아스파라거스 재배에 있어 경제적으로 막대한 피해를 일으키는 병 중 하나이다. 이 중 *F. oxysporum* f. sp. *asparagi, F. proliferatum*은 복합적으로 큰 피해를 입히는 균으로 알려져 있다. 병원균들은 후막포자를 형성하거나 균사체 상태로 병든 토양 내에서 장기간 생존할 수 있는데, 특히 후막포자는 아스파라거스가 25년 이상 재배되지 않은 토양 내에서도 발견될 정도로 장기간 생존한다. 병원균은 농기구나 병든 식물체 조직 등을 통해 토양 내에 퍼지게 되며 토양 내에서 존재하다가 아스파라거스의 줄기 밑동 및 뿌리를 통해 감염한다. *F. oxysporum* f. sp. *asparagi*는 물관조직을 통해서도 감염한다. 토양 조건이나 기후에 따라 병원균의 분포가 달라지며 병원균들의 평균 생장 적온은 20~30℃이다. 주로 온대 기후를 보이는 지역에서 *F. oxysporum* f. sp. *asparagi*가 우점하며, 더운 지역에서는 *F. proliferatum*이 우점하여 피해를 입히는 것으로 알려져 있다.

5.2 병징

병원균은 주로 잔뿌리나 상처 입은 부위를 통해서 감염하며, 가뭄이나 작물의 노후화 등 스트레스 조건하에서 더욱 감염이 잘 이루어진다. 선충에 의해 뿌리에 상처가 입었을 경우 더 큰 문제가 된다. 병에 감염되면 줄기 밑동에서부터 붉은색의 병징이 나타나는데 줄기를 자르면 유관속 조직이 갈변된 모습을 볼 수 있다. 병이 진전되면 줄기에 하얀 균사를 관찰할 수 있으며 뿌리는 갈색으로 변해 썩는다. 줄기 밑동에서부터 황화, 위축, 시들음 증상이 나타나며 결국 지상부 전체가 누렇게 되어 말라 죽게 된다.

그림 8-6 아스파라거스 줄기썩음병 병징, 배양된 균총 및 분생포자

5.3 방제

월동체인 후막포자는 토양 내에서 기주 식물 없이 장기간 생존이 가능하기 때문에 방제가 어렵다. 병든 작물은 즉각 제거하고 수확 후 병원균의 월동처가 될 수 있는 이병 잔재물 제거하여야 한다. 병원균에 저항성이 큰 작물을 재배하고 한 지역에서 계속해서 작물을 이어짓기 하지 말고 화본과 작물과 돌려짓기를 하여 피해를 줄일 수 있다. 병원균이 토양에서부터 감염을 하며 후막포자를 형성하여 토양 내에서 장기간 생존할 수 있으므로 작물에 살포하는 살균제에 의한 효과는 크지 않으며, 종자에 50~55℃의 뜨거운 물이나 베노밀을 처리

하거나 작물을 재배하기 전에 토양 훈증제를 이용하여 토양을 소독 하는 것이 병원균 방제에 효과가 큰 것으로 알려져 있다.

그림 8-7 여름 수확기 나타나는 아스파라거스 줄기썩음병 병징

협력단은 이를 해결하기 위하여 재배농민들과 협력하여 수확보조기를 개발하였고 디자인 특허 등록 후 차년도부터 농가에 보급예정이다.

참고문헌

강원도농업기술원, 2013. 아스파라거스재배기술.

농촌진흥청 온난화대응 농업연구센터, 2005. 난지권 기후특성을 이용한 고품질 "아스파라거스" 재배.

Elmer, WH. 2010. Asparagus in connecticut and common diseases. The Connecticut agricultural experiment station (www.ct.gov/caes).

The Korean Society of Plant Pathology. 2009. List of plant disease in Korea. 5th ed., Suwon, Korea.

Pests and Diseases in the Cultivation of Asparagus. 2013, 1st Ed., Lim Agricultural Research Group (www.Limgroup.eu).

Sherf, AF. And MacNab. 1986. Vegetable diseases and their control, 2nd Ed., John Wiley & Sons, NY.